COMPLEX ANALYSIS

복소해석학

김정진 · 윤갑진 지음

COMPLEX ANALYSIS

教友社

머리말

복소수의 존재는 이미 오래전부터 알려졌으나 '실수'와 같이 하나의 수로 인정받는데는 많은 시간이 걸렸다. 방정식의 풀이법이 획기적으로 발전하였던 16세기에도 방정식의 해를 형식적으로 나타내기 위해 복소수를 사용하였으나 복소수에 대하여 별다른 의미를 두지 않았다. 이와 같이 쓸모없는 가상의 수로 생각되었던 복소수는 18세기 가우스가 기하학적 방법을 이용하여 복소수를 구체적으로 나타냄으로써 실제로 존재하는 수로 인정받았다.

오늘날 복소수는 복잡한 과학 현상을 설명하기 위해 공학, 전자기학, 양자물리, 혼돈이론 등의 수학에 꼭 필요한 수이다. 또한, 복소수는 실생활에서 흔히 볼 수 있는 눈꽃 같은 프랙탈(fractal) 모양을 수학적으로 설명할 수 있는 도구이기도 하다.

이 책은 대학교에서 수학을 전공하는 학생들이 '복소해석학' 강좌에서 사용할 수 있는 강의록으로, 기본적이고 핵심적인 내용들을 간결하게 다루어 한 학기에 마칠 수 있도록 구성하였다. 복소해석학은 그 내용이 많기 때문에 한 학기에 다양한 개념들을 깊이 있게 다루기에는 무리가 있다. 그러나 여러 가지 여건으로 인하여 많은 대학교에서 복소해석학과 관련된 교과목이 한 학기만 개설되는 실정이다. 따라서 복소해석학의 다양한 개념들을 한 학기에 학습하기 위해서는 핵심적이고 기본적인 개념만을 다루어야 한다. 복소수와 복소평면, 기본적인 복소함수인 지수함수와 로그함수 및 삼각함수, 해석함수와 해석함수의 급수표현, 복소함수의 적분과 코시 적분공식 및 응용, 나머지정리와 복소함수 적분의 실적분 응용, 조화함수와 등각사상, 리만정리 등이 복소해석학에서 다루는 기본적인 개념에 포함된다. 본 강의록은 위의 개념들을 명확하게 이해할 수 있도록 쉽게 설명하고, 간단한 보기를 제공함으로써 학생들이 복소해석학을 학습하는데 도움을 주고자 하였다.

본 교재는 기본적으로 한글을 사용하여 집필하였다. 그러나 복소해석학에서 다루는 수학적 용어가 아직도 하나의 한글 용어로 통일되어 있지 않기 때문에 여러 가지 혼동이 발생하는 것을 피하기 위해 용어에는 괄호를 사용하여 영문도 함께 병행하여 나타내었다. 본 강의록에서 다루는 내용이 다른 복소해석학 교재와 비교해 상대적으로 적기 때문에 본 강의록을 다른 복소해석학 교재와 비교하면서 학습하면 매우 효과적일 것으로 생각된다.

참고로 한글이나 영문으로 된 복소해석학 중에서 교재로 사용할 수 있는 참고문헌으로는 [1], [3], [4], [5], [6] 등이 있다.

명지대학교 자연캠퍼스 연구실에서

차례

머리말 **iii**

1 복소수 **1**

1.1 복소수 체계 1

1.2 복소수의 대수적 성질 5

1.3 복소수 표현 12

1.4 극형식 18

2 복소평면의 위상 **25**

2.1 복소평면의 위상 25

2.2 복소수열 37

2.3 옹골집합 46

2.4 연속 52

3 복소함수 **61**

3.1 복소 지수함수 61

3.2 복소 삼각함수 67

3.3 복소 로그함수 71

3.4 거듭제곱함수, 다항함수, 제곱근함수 74

4 해석함수 **81**

4.1 코시-리만 방정식 81

4.2 해석함수 88

4.3 조화함수 95
4.4 초월함수의 미분 99

5 복소 적분 107

5.1 선적분 107
5.2 코시 정리 116
5.3 코시-구르사 정리 122

6 코시 정리의 응용 131

6.1 코시의 적분 공식 131
6.2 코시 부등식과 응용 139
6.3 최대·최소의 원리 144
6.4 편각 원리 149

7 급수 157

7.1 급수의 수렴성 157
7.2 거듭제곱 급수와 테일러 급수 171

8 로랑 급수와 유수정리 185

8.1 특이점 185
8.2 로랑 급수 193
8.3 유수정리 202

9 등각사상 211

9.1 등각사상 211
9.2 선형분수변환 213

A 연습문제 풀이 215

찾아보기 233

제 1 장

복소수

1.1 복소수 체계

실수 a의 제곱은 $a^2 \geq 0$이므로 방정식 $x^2 + 1 = 0$의 실근은 존재하지 않는다. 따라서 이러한 방정식의 해를 생각하기 위해서는 실수를 포함하는 새로운 수를 만들어야만 한다. 즉, 제곱하여 -1이 되는 수를 생각해야만 한다. 제곱하여 -1이 되는 수를 가상의 수라는 의미로 **허수단위**(imaginary unit)라 하고

$$i = \sqrt{-1}$$

로 나타낸다. 이때 두 실수 a, b에 대하여 $a + bi$ 형태의 수 전체의 집합을 복소수라고 하고 $\mathbb{C}$로 나타낸다. 즉,

$$\mathbb{C} = \{a + bi \,|\, a, b \in \mathbb{R}\}$$

여기서 실수 b와 허수단위 i의 곱 bi는 형식적인 곱으로 ib와 같은 것으로 간주한다. 즉

$$bi = ib$$

이다. 또한 $0i = i0 = 0$으로 정의한다.

복소수 $z = a + bi$에서 a를 z의 **실수부분**(real part)이라 하고 기호 $\text{Re}(z)$로 나타내며, b를 z의 **허수부분**(imaginary part)이라 하고 기호 $\text{Im}(z)$로 나타낸다. 임의의 실수 a는 $a + 0i$ 꼴로 나타낼 수 있으므로 실수 전체의 집합 $\mathbb{R}$는 복소수 전체

의 집합 $\mathbb{C}$에 포함된다는 것을 알 수 있으며, 실수가 아닌 복소수 $a+bi\,(b \neq 0)$을 **허수**라고 한다.

두 복소수 $a+bi, c+di$에서 실수부분과 허수부분이 각각 같을 때, 두 복소수는 서로 같다고 한다. 즉,

$$a+bi = c+di \quad \Leftrightarrow \quad a=c,\, b=d$$

정의 1.1.1 **두 복소수** $a+bi, c+di \in \mathbb{C}$**에 대하여 덧셈과 곱셈을 각각 다음과 같이 정의한다:**

(1) $(a+bi)+(c+di) = (a+c)+(b+d)i$

(2) $(a+bi)(c+di) = (ac-bd)+(ad+bc)i$

정의 1.1.1의 (2)로부터 복소수 $a+bi$와 실수 $\alpha \in \mathbb{R}$에 대하여

$$\alpha(a+bi) = \alpha a + \alpha bi \tag{1.1}$$

가 성립한다. 따라서 복소수의 곱셈과 스칼라곱 (1.1)을 생각하면 $\mathbb{C}$는 실벡터공간(real vector space)이 된다. 다음 정리에 의하면 $\mathbb{C}$는 실벡터공간으로 $\mathbb{R}^2$와 동형이다.

정리 1.1.2 **실벡터공간으로** $\mathbb{C}$**는** $\mathbb{R}^2$**와 동형이다.**

증명. 사상 $\Phi : \mathbb{C} \to \mathbb{R}^2$를

$$\Phi(a+bi) = (a,b)$$

로 정의하면 Φ는 선형동형사상(linear isomorphism)이다. ∎

정리 1.1.2는 복소수를 $\mathbb{R}^2$와 같이 좌표평면의 순서쌍으로 나타내 수 있다는 것을 의미한다. 즉 복소수 $a+bi$를 (a,b)로 나타내면

$$(a,b)=(c,d) \quad \Leftrightarrow \quad a=c,\, b=d$$
$$(a,b)+(c,d) = (a+c, b+d)$$
$$(a,b)(c,d) = (ac-bd, ad+bc)$$

로 나타낼 수 있다. 또한 $i = (0,1)$이고 $i^2 = -1$은

$$(0,1)(0,1) = (-1,0)$$

으로 나타낼 수 있다.

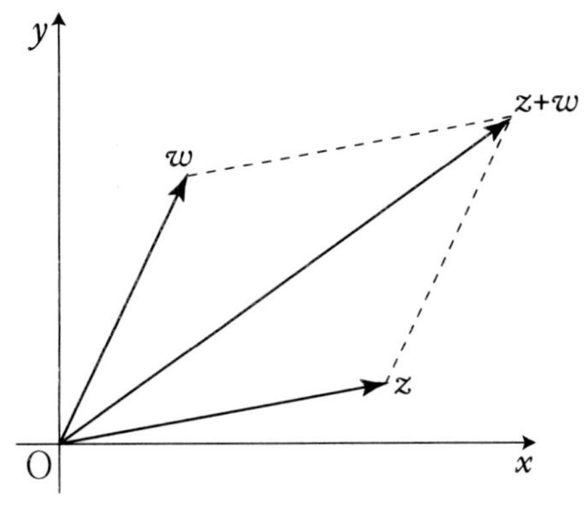

그림 1.1.

복소수를 좌표평면의 순서쌍으로 나타내면 복소수의 덧셈을 벡터의 합으로 이해할 수 있어 복소수의 덧셈과 곱셈을 기하학적으로 설명할 수 있다. 즉 두 복소수 $z = a + bi, w = c + di$의 덧셈은 두 벡터 $(a,b),(c,d)$의 합으로 생각할 수 있다.

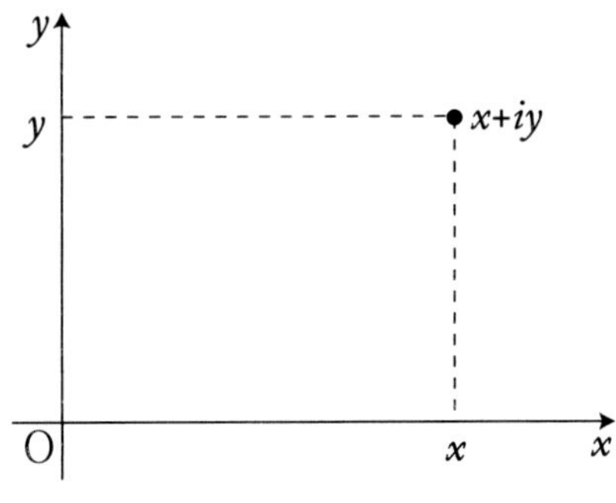

그림 1.2.

또한, $z = a+bi$는 순서쌍 (a,b)에 대응하므로 좌표평면에서 x좌표가 a이고 y좌표가 b인 점으로 해석할 수 있다. 따라서 $(a,0)$은 x축 위의 점에 대응하고, $(0,b)$는

y축 위의 점에 대응한다. $(a,0) = a$ 꼴의 복소수에 대응하는 축을 **실축**(real axis)이라 하고, $(0,b) = bi$ 꼴의 복소수가 대응하는 축을 **허축**(imaginary axis)이라고 한다. 점 $(a,0)$을 지나고 허축과 평행한 직선과 점 $(0,b)$를 지나고 실축과 평행한 직선이 만나는 점에 복소수 (a,b)를 나타낸다. 이와 같이 복소수 (a,b)를 나타낸 평면을 **복소평면**(complex plane)이라고 한다.

연습문제

1. 두 복소수 z, w에 대하여

$$\mathrm{Re}(z+w) = \mathrm{Re}(z) + \mathrm{Re}(w)$$

와

$$\mathrm{Im}(z+w) = \mathrm{Im}(z) + \mathrm{Im}(w)$$

가 성립함을 보이시오.

2. 다음이 성립함을 보이시오.
(1) $\mathrm{Re}(iz) = -\mathrm{Im}(z)$ (2) $\mathrm{Im}(iz) = \mathrm{Re}(z)$

3. $z = a + bi$일 때 복소수 $(z+2)(z-i)$의 실수부분과 허수부분을 구하시오.

4. 복소수 $z = a + bi$ $(z \neq 0)$에 대하여 $zw = 1$을 만족시키는 복소수 w를 구하시오.

5. $\mathrm{Re}\, z > 0$이면 $\mathrm{Re}\left(\dfrac{1}{z}\right) > 0$임을 보이시오. 여기서 $\frac{1}{z}$는 $zw = 1$을 만족시키는 복소수 w이다.

1.2 복소수의 대수적 성질

두 복소수의 덧셈과 곱셈의 결과는 모두 복소수이므로 복소수 전체의 집합 $\mathbb{C}$는 덧셈과 곱셈에 대하여 닫혀 있다. 실수에서와 같이 복소수에서도 덧셈과 곱셈에 대하여 똑같은 성질이 성립한다. 우선 복소수의 덧셈과 곱셈에 대하여 교환법칙이 성립한다. 즉, $z, w, s \in \mathbb{C}$에 대하여

$$z + w = w + z, \quad zw = wz \tag{1.2}$$

$$z + (w + s) = (z + w) + s, \quad (zw)s = z(ws) \tag{1.3}$$

또한 다음 분배법칙도 성립한다.

$$z(w + s) = zw + zs, \quad (z + w)s = zs + ws \tag{1.4}$$

덧셈과 곱셈의 결합법칙으로부터 세 복소수의 합 $z + w + s$와 곱 zws에서 괄호를 사용하지 않아도 된다. 실수에서의 덧셈에 대한 항등원 $0 = 0 + 0i$와 곱셈에 대한 항등원 $1 = 1 + 0i$는 복소수 체계에서도 똑같은 역할을 한다. 다시 말해서 모든 복소수 z에 대하여

$$z + 0 = 0 + z = 0, \quad z \cdot 1 = 1 \cdot z = z \tag{1.5}$$

더욱이 0과 1은 성질 (1.5)를 만족시키는 유일한 복소수들이다 (연습문제).

이제 복소수 $z = a + bi$의 덧셈과 곱셈에 대한 역원을 구하여보자. 복소수 $z = a + bi$의 덧셈에 대한 역원을 $x + yi$로 놓으면

$$(a + bi) + (x + yi) = (x + yi) + (a + bi) = 0$$

이므로

$$(a + x) + (b + y)i = 0$$

따라서

$$a + x = 0, \quad b + y = 0$$

이므로 $x = -a, y = -b$가 성립한다. 따라서 복소수 $a + bi$의 덧셈데 대한 역원은

$$-a + (-b)i$$

이다. 더욱이 $(-b)i = -(bi) = b(-i)$ (연습문제)가 성립하므로 $-a+(-b)i$를 $-a-bi$로 나타낼 수 있다. 복소수 $z=a+bi$에 대하여 $-a-bi=-a+(-b)i$를 $-z$로 나타내면 $z+(-z)=(-z)+z=0$이므로 $-z$는 z의 덧셈에 대한 역원이다. 덧셈의 역원을 이용하여 복소수의 뺄셈을 다음과 같이 정의하자. 임의의 두 복소수 z, w에 대하여

$$z-w=z+(-w)$$

한편, 복소수 $z=a+bi(\neq 0)$의 곱셈에 대한 역원을 $x+yi$로 놓으면

$$(a+bi)(x+yi)=(x+yi)(a+bi)=1$$

이므로

$$(ax-by)+(ay+bx)i=1$$

복소수가 같을 조건으로부터

$$\begin{cases} ax-by=1 \\ ay+bx=0 \end{cases}$$

이므로 이 연립방정식을 풀면

$$x=\frac{a}{a^2+b^2}, \quad y=-\frac{b}{a^2+b^2}$$

따라서 복소수 $z=a+bi\,(\neq 0)$의 곱셈에 대한 역원은

$$\frac{a}{a^2+b^2}-\frac{b}{a^2+b^2}i \tag{1.6}$$

이다. 식 (1.6)을 $z^{-1}=\dfrac{1}{z}$로 나타내면 z^{-1}은 z의 곱셈에 대한 역원이다. $z=0$인 경우 곱셈에 대한 역원은 존재하지 않는다. 곱셈에 대한 역원을 이용하면 다음 정리를 증명할 수 있다.

도움정리 1.2.1 $zw=0$이면 $z=0$ 또는 $w=0$이다.

증명. $z\neq 0$이라고 하면 곱셈에 대한 역원 z^{-1}이 존재한다. 따라서

$$\begin{aligned} w &= 1\cdot w=(z^{-1}z)w=z^{-1}(zw) \\ &= z^{-1}\cdot 0=0 \end{aligned}$$

도움정리 1.2.1에 의해 $z \neq 0$이고 $w \neq 0$이면 $zw \neq 0$이다. 복소수의 곱셈에 대한 역원을 이용하여 두 복소수의 나눗셈을 다음과 같이 정의한다. $w \neq 0$일 때,

$$\frac{z}{w} = z\left(\frac{1}{w}\right) = zw^{-1}$$

그러면 세 복소수 $z, w, s(\neq 0)$에 대하여 다음이 성립한다.

$$\frac{z+w}{s} = (z+w)s^{-1} = zs^{-1} + ws^{-1} = \frac{z}{s} + \frac{w}{s}$$

또한 $z \neq 0, w \neq 0$일 때 다음이 성립한다 (연습문제).

$$(zw)^{-1} = z^{-1}w^{-1}$$

따라서

$$\frac{1}{zw} = (zw)^{-1} = z^{-1}w^{-1} = \left(\frac{1}{z}\right)\left(\frac{1}{w}\right)$$

이다.

보기 1.2.1 다음 복소수 계산을 하여라.

$$\left(\frac{1}{2+3i}\right)\left(\frac{1}{1-i}\right)$$

풀이. 복소수의 곱셈 및 나눗셈에 대한 정의와 성질로부터

$$\begin{aligned}\left(\frac{1}{2+3i}\right)\left(\frac{1}{1-i}\right) &= \frac{1}{(2+3i)(1-i)} = \frac{1}{5+i} = \frac{1}{5+i}\cdot\frac{5-i}{5-i} \\ &= \frac{5-i}{(5+i)(5-i)} = \frac{5-i}{26} = \frac{5}{26} - \frac{1}{26}i\end{aligned}$$

복소수의 덧셈과 곱셈에 대한 성질을 정리하면 다음과 같다.

정리 1.2.2 $z, w, s \in \mathbb{C}$**에 대하여**

(I) 닫혀 있다 : $z + w \in \mathbb{C}, \quad zw \in \mathbb{C}$

(II) 덧셈 규칙

(i) $z + w = w + z$

(ii) $z + (w + s) = (z + w) + s$

(iii) $z + 0 = 0 + z = z$

(iv) $z + (-z) = 0 = (-z) + z$

(III) 곱셈 규칙

(v) $zw = wz$

(vi) $(zw)s = z(ws)$

(vii) $1z = z1 = z$

(viii) $z(z^{-1}) = 1 = z^{-1}z \qquad (z \neq 0)$

(IV) 분배법칙

$$z(w + s) = zw + zs, \quad (z + w)s = zs + ws$$

일반적으로 덧셈과 곱셈이 정의된 집합이 정리 1.2.2의 조건을 모두 만족시킬 때 그 집합을 **체**(field)라고 한다. 예를 들어 유리수 전체의 집합 $\mathbb{Q}$, 실수 전체의 집합 $\mathbb{R}$, 복소수 전체의 집합 $\mathbb{C}$는 모두 체이다.

제곱근

복소수와 실수의 차이점은 복소수는 크기의 순서를 정할 수 없다는 것이다. 실수의 경우에는 순서공리에 의해 양수와 음수가 존재하고, 두 실수 a, b에 대하여 $a - b > 0$일 때 a가 b보다 크다고 한다. 그러나 복소수의 경우에는 0이 아닌 복소수에 대하여 양수와 음수 개념을 도입할 수 없다. 복소수에도 실수와 마찬가지로 순서공리가 성립한다고 가정하자. 예를 들어 허수단위 i는 0이 아니므로 $i > 0$이거나 $i < 0$이다. 만일, $i > 0$이면 $i \cdot i > 0$이므로 $-1 \geq 0$이 된다. 이것은 실수에서의 순서공리에 위배된다. 또한 $i < 0$이면 $-i > 0$이므로 $(-i)(-i) \geq 0$ 즉, $-1 > 0$이 되어 역시 실수의 순서공리에 위배가 된다.

한편, 실수와 복소수의 차이점 중의 하나는 복소수는 항상 제곱근이 존재한다는 것이다.

정리 1.2.3 $z_0 \in \mathbb{C}$**이면** $w^2 = z_0$**를 만족시키는 복소수** $w \in \mathbb{C}$**가 항상 존재한다.**

증명. $z_0 = a + bi$로 놓고 복소수 w를 $w = x + yi$로 놓으면

$$\begin{aligned} w^2 = z_0 \quad &\Leftrightarrow \quad x^2 - y^2 + 2ixy = a + ib \\ &\Leftrightarrow \quad \begin{cases} x^2 - y^2 &= a \\ 2xy &= b \end{cases} \end{aligned} \tag{1.7}$$

이제 실수 $a, b \in \mathbb{R}$에 대하여 연립방정식 (1.7)을 만족시키는 실수 $x, y \in \mathbb{R}$를 구하면 된다. 방정식 (1.7)에서

$$\begin{aligned} a^2 + b^2 &= (x^2 - y^2)^2 + (2xy)^2 \\ &= (x^2 + y^2)^2 \end{aligned}$$

$x^2 + y^2 \geq 0$이므로

$$x^2 + y^2 = \sqrt{a^2 + b^2} \tag{1.8}$$

이다. 방정식 (1.7)의 첫 번째 방정식과 식 (1.8)로부터

$$x^2 = \frac{a + \sqrt{a^2 + b^2}}{2} \tag{1.9}$$

이고

$$y^2 = \frac{-a + \sqrt{a^2 + b^2}}{2} \tag{1.10}$$

이다. 이때

$$\pm a + \sqrt{a^2 + b^2} \geq 0$$

이 항상 성립한다.

만일 $b \geq 0$이면 방정식 (1.7)의 두 번째 식으로부터 $x \geq 0, y \geq 0$ 또는 $x \leq 0, y \leq 0$이므로 식 (1.9)과 식 (1.10)로부터

$$x = \sqrt{\frac{a + \sqrt{a^2 + b^2}}{2}}, \quad y = \sqrt{\frac{-a + \sqrt{a^2 + b^2}}{2}}$$

또는

$$x = -\sqrt{\frac{a + \sqrt{a^2 + b^2}}{2}}, \quad y = -\sqrt{\frac{-a + \sqrt{a^2 + b^2}}{2}}$$

$b < 0$이면 $x > 0, y < 0$ 또는 $x < 0, y > 0$이므로

$$x = \sqrt{\frac{a + \sqrt{a^2 + b^2}}{2}}, \quad y = -\sqrt{\frac{-a + \sqrt{a^2 + b^2}}{2}}$$

또는

$$x = -\sqrt{\frac{a + \sqrt{a^2 + b^2}}{2}}, \quad y = \sqrt{\frac{-a + \sqrt{a^2 + b^2}}{2}}$$

이다. ∎

연습문제

1. 다음이 성립함을 보이시오.

(1) 복소수 0은 덧셈에 대한 유일한 항등원임을 보이시오.

(2) 복소수 1은 곱셈에 대한 유일한 항등원임을 보이시오.

2. $i = (0, 1), b = (b, 0)$으로 나타낼 때,

$$(-b)i = -(bi) = b(-i)$$

가 성립함을 보이시오.

3. $z \neq 0, w \neq 0$일 때

$$(zw)^{-1} = z^{-1}w^{-1}$$

이 성립함을 보이시오.

4. 네 복소수 z, w, α, β에 대하여

$$\frac{zw}{\alpha\beta} = \left(\frac{z}{\alpha}\right)\left(\frac{w}{\beta}\right) \quad (\alpha \neq 0,\ \beta \neq 0)$$

임을 보이시오.

5. 복소수 $z = a + bi$에 대하여 복소수 $\dfrac{z+2}{z-1}$의 실수부분과 허수부분을 구하시오.

6. 다음 방정식을 만족시키는 z를 구하시오.

(1) $z^2 = 1 + i$ (2) $z^4 = -16$

7. $\dfrac{a-bi}{a+bi} = x + yi$이면 $x^2 + y^2 = 1$임을 보이시오.

1.3 복소수 표현

복소수의 간단한 연산 중의 하나가 허수부분의 부호를 바꾸는 것이다.

정의 1.3.1 **복소수** $z = x+iy$**에 대하여** $x-iy$**를** z**의 켤레복소수**(complex conjugate)**라 하고, 기호** $\bar{z}$**로 나타낸다.** 즉,

$$\bar{z} = x - iy$$

기하학적으로 켤레복소수 $\bar{z}$는 z와 실축에 대하여 대칭이다.

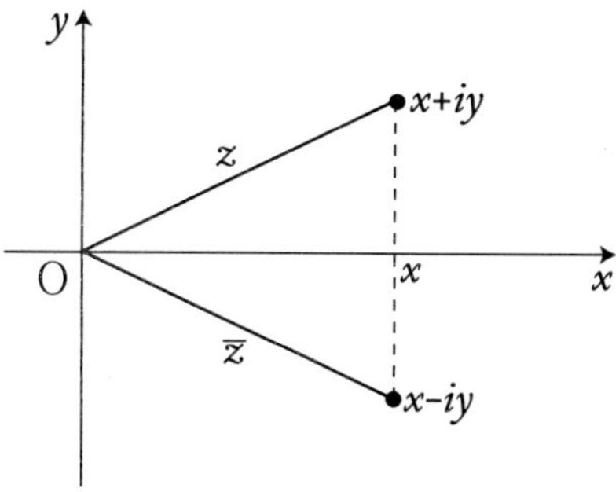

그림 1.3.

켤레복소수에 대하여 다음 정리가 성립한다.

정리 1.3.2 **복소수** z, w**에 대하여**

(1) $\overline{z+w} = \bar{z} + \bar{w}, \quad \overline{z-w} = \bar{z} - \bar{w}$

(2) $\overline{zw} = \bar{z}\bar{w}$

(3) $z \neq 0$이면 $\overline{\left(\dfrac{w}{z}\right)} = \dfrac{\bar{w}}{\bar{z}}$

(4) $z = \bar{z}$**일 필요충분조건은** z**가 실수인 것이다.**

(5) $\mathrm{Re}z = \dfrac{z+\bar{z}}{2}, \quad \mathrm{Im}z = \dfrac{z-\bar{z}}{2i}$

(6) $\bar{\bar{z}} = z$

증명. 증명은 쉬우므로 생략하기로 한다. ■

켤레복소수를 이용하면 복소수의 나눗셈에서 분모를 실수로 바꿀수 있으므로 복소수의 나눗셈을 쉽게 계산할 수 있다.

보기 1.3.1 다음 복소수의 나눗셈을 하여라.

$$\frac{1-3i}{2-i}$$

풀이.

$$\begin{aligned}\frac{1-3i}{2-i} &= \frac{1-3i}{2-i}\cdot\frac{2+i}{2+i}=\frac{(1-3i)(2+i)}{(2-i)(2+i)}\\ &= \frac{5-5i}{5}=1-i\end{aligned}$$

■

절댓값

복소수 $z=a+bi$를 좌표평면의 점 (a,b)에 대응시킬 수 있다. 이와 같이 벡터를 이용하여 복소수를 해석하는 것은 실수의 절댓값을 복소평면으로 확장하는데 유용하다.

정의 1.3.3 복소수 $z=x+iy$에 대하여 $\sqrt{x^2+y^2}$을 z의 절댓값(absolute value)**이라 하고, 기호 $|z|$로 나타낸다.** 즉,

$$|z|=\sqrt{x^2+y^2}$$

기하학적으로 수 $|z|$는 원점 $\mathrm{O}(0,0)$에서 점 (x,y)에 이르는 거리를 나타낸다. 복수수 z와 w가 모두 실수가 아니면 부등식 $z<w$는 의미가 없지만 $|z|<|w|$는 점 z가 점 w보다 원점에 더 가까이 있음을 뜻한다. 또, 두 복소수 $z=x+iy, w=u+iv$ 사이의 거리는 $|z-w|$로 정의한다. $z-w=(x-u)+i(y-v)$이므로

$$|z-w|=\sqrt{(x-u)^2+(y-v)^2}$$

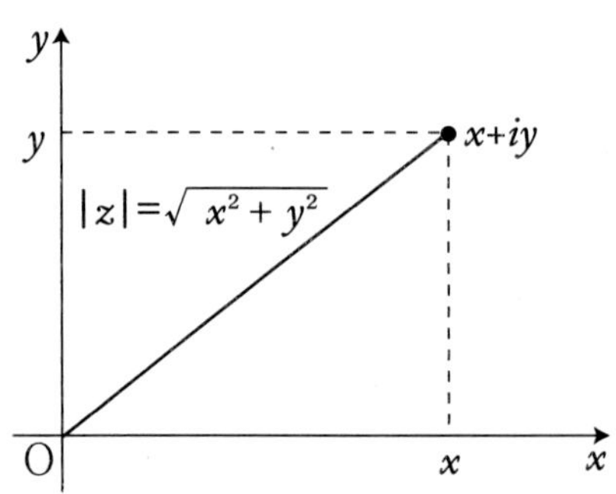

그림 1.4.

이다. 복소수의 절댓값에 대한 정의로부터 $z = x + iy$와 $\text{Re}z = x, \text{Im}z = y$ 사이에 다음과 같은 관계가 성립한다.

$$|z|^2 = (\text{Re}z)^2 + (\text{Im}z)^2 \tag{1.11}$$

복소수의 절댓값에 대하여 다음 정리가 성립한다.

정리 1.3.4 복소수 z, w에 대하여

(1) $|zw| = |z||w|$

(2) $z \neq 0$**이면** $\left|\dfrac{w}{z}\right| = \dfrac{|w|}{|z|}$

(3) $-|z| \leq \text{Re}z \leq |z|$**이고** $-|z| \leq \text{Im}z \leq |z|$**이다. 또한,** $|\text{Re}z| \leq |z|$**이고** $|\text{Im}z| \leq |z|$**이다.**

(4) $|\bar{z}| = |z|$**이고** $z\bar{z} = |z|^2$**이다. 또** $z \neq 0$**이면** $z^{-1} = \dfrac{\bar{z}}{|z|^2}$

(5) $|z + w| \leq |z| + |w|$ (삼각부등식)

(6) $\big||z| - |w|\big| \leq |z - w|$

(7) $z_i, w_i \in \mathbb{C}$**이면**

$$|z_1w_1 + \cdots + z_nw_n| \leq \sqrt{|z_1|^2 + \cdots + |z_n|^2} \cdot \sqrt{|w_1|^2 + \cdots + |w_n|^2}$$

(코시 부등식)

증명. (1), (2), (4)의 증명은 생략하고 나머지 (3), (5)-(7)만 증명하기로 한다.

(3) 실수 x, y에 대하여

$$(1.12)\qquad -\sqrt{x^2+y^2} \le x \le \sqrt{x^2+y^2}, \qquad |x| \le \sqrt{x^2+y^2}$$

$$(1.13)\qquad -\sqrt{x^2+y^2} \le y \le \sqrt{x^2+y^2}, \qquad |y| \le \sqrt{x^2+y^2}$$

이 성립한다. 이때 $z = x + iy$로 놓으면 $|z| = \sqrt{x^2+y^2}$, $\mathrm{Re}z = x$, $\mathrm{Im}z = y$이므로 (1.12)와 (1.13)로부터 (3)이 성립한다.

(4) 정리 1.3.2 (6)과 위의 (1), (3), (4)로부터

$$\begin{aligned} |z+w|^2 &= (z+w)(\overline{z+w}) = (z+w)(\bar{z}+\bar{w}) \\ &= z\bar{z} + z\bar{w} + \bar{z}w + w\bar{w} \\ &= |z|^2 + (z\bar{w} + \overline{z\bar{w}}) + |w|^2 \\ &= |z|^2 + 2\mathrm{Re}(z\bar{w}) + |w|^2 \\ &\le |z|^2 + 2|z\bar{w}| + |w|^2 \\ &= |z|^2 + 2|z||w| + |w|^2 = (|z|+|w|)^2 \end{aligned}$$

(6) $z = z - w + w$이므로 위의 (5)에 의해

$$|z| = |z - w + w| \le |z-w| + |w|$$

따라서

$$(1.14)\qquad |z| - |w| \le |z-w|$$

z와 w의 역할을 바꾸면

$$(1.15)\qquad |w| - |z| \le |w-z| = |z-w|$$

식 (1.14)와 (1.15)에 의해

$$\big||z| - |w|\big| \le |z-w|$$

(7) 모든 $k = 1, 2, \cdots, n$에 대하여 $w_k = 0$이면 코시 부등식의 좌변과 우변이 모두 0이므로 성립한다. 따라서 $w_k \neq 0$인 k가 존재한다고 하자. 이때

$$v = \sum_{k=1}^{n} |z_k|^2, \quad t = \sum_{k=1}^{n} |w_k|^2, \quad s = \sum_{k=1}^{n} z_k w_k \quad \text{and}$$

로 놓고 $c = \dfrac{s}{t}$라 하자. 다음 부등식이 성립함을 보이면 된다.

$$|s|^2 \leq vt$$

절댓값의 정의로부터 다음이 성립한다.

$$\sum_{k=1}^{n} |z_k - c\overline{w}_k|^2 \geq 0 \tag{1.16}$$

따라서

$$\begin{aligned}
\sum_{k=1}^{n} |z_k - c\overline{w}_k|^2 &= \sum_{k=1}^{n} (z_k - c\overline{w_k})(\overline{z_k - c\overline{w}_k}) \\
&= \sum_{k=1}^{n} |z_k|^2 - \sum_{k=1}^{n} c\overline{z}_k\overline{w}_k - \sum_{k=1}^{n} \overline{c} z_k w_k + |c|^2 \sum_{k=1}^{n} |w_k|^2 \\
&= v - c\sum_{k=1}^{n} \overline{z}_k\overline{w}_k - \overline{c}\sum_{k=1}^{n} z_k w_k + |c|^2 t \\
&= v - c\overline{s} - \overline{c}s + |c|^2 t = v - 2\mathrm{Re}(\overline{c}s) + |c|^2 t \\
&= v - 2\mathrm{Re}\frac{\overline{s}s}{t} + \frac{|s|^2}{t}
\end{aligned}$$

t가 실수이고 $s\overline{s} = |s|^2$이므로 (1.16)에 의해

$$v - 2\mathrm{Re}\frac{\overline{s}s}{t} + \frac{|s|^2}{t} = v - \frac{|s|^2}{t} \geq 0 \tag{1.17}$$

그러므로

$$|s|^2 \leq vt$$

이다. ∎

연습문제

1. 다음이 성립함을 보이시오.

(1) $\overline{iz} = -i\bar{z}$ (2) $\overline{(2+i)^2} = 3-4i$

2. 복소수 $z, w \in \mathbb{C}$에 대하여 다음 등식이 성립함을 보이시오.

$$|z-w|^2 + |z+w|^2 = 2(|z|^2 + |w|^2)$$

3. $z = x + iy$일 때,

$$|x| + |y| \leq \sqrt{2}|z|$$

임을 보이시오.

4. $|z| \leq 1$일 때, 다음이 성립함을 보이시오.

$$|\mathrm{Re}(z^3 + \bar{z} + 3)| \leq 5$$

5. $|z| = 2$일 때,

$$\left|\frac{1}{z^4 - 3z^2 + 4}\right| \leq \frac{1}{8}$$

임을 보이시오.

6. 두 복소수 z, w가 $\bar{z}w \neq 1$이고, $|z| = 1$ 또는 $|w| = 1$를 만족시키면

$$\left|\frac{z-w}{1-\bar{z}w}\right| = 1$$

임을 증명하시오.

7. $|z| < 1$이면

$$\mathrm{Re}\frac{1}{1-z} > \frac{1}{2}$$

임을 보이시오.

1.4 극형식

좌표평면의 점 (x, y)를 나타내는 방법으로 직교좌표 이외에 극좌표가 있다. 즉, 원점으로부터 (x, y)까지의 거리 r와 양의 x축과 벡터 (x, y)가 이루는 각 θ를 이용하여 점 (x, y)를 나타낼 수 있다. 이와 같이 나타낸 (r, θ)를 극좌표라고 한다. 복소수 $z = x + iy$는 점 (x, y)에 대응하므로 복소수 z도 극좌표 (r, θ)로 나타낼 수 있다. 더욱이 삼각함수의 정의로부터 다음이 성립한다.

$$x = r\cos\theta, \quad y = r\sin\theta$$

따라서 복소수 $z = x + iy$는 다음과 같이 나타낼 수 있다.

(1.18) $$z = x + iy = r\cos\theta + ir\sin\theta = r(\cos\theta + i\sin\theta), \quad r = \sqrt{x^2 + y^2}$$

복소수를 식 (1.18)과 같이 나타낸 것을 복소수의 **극형식** 또는 **극좌표 표현**이라 하고, θ를 z의 **편각**(argument)이라고 한다. $z = 0$인 경우에는 극좌표가 정의되지 않는다. 따라서 극좌표를 생각할 경우에는 항상 $z \neq 0$을 가정한다. $x \neq 0$이면 극형식에서 다음 식이 성립한다.

(1.19) $$\tan\theta = \frac{y}{x}$$

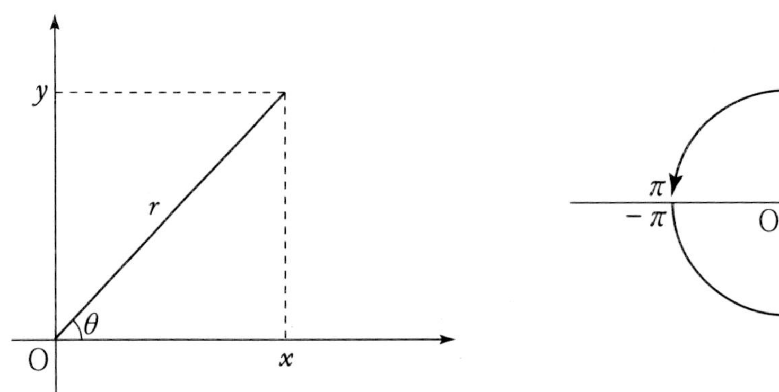

그림 1.5.

직교좌표와 극좌표의 차이점은 점을 나타내는데 있어서 직교좌표는 유일하게 나타내지만 극좌표는 여러 가지로 나타낼 수 있다는 것이다. 다시 말해서, θ는 2π의 정수배만큼 차이가 나는 무수히 많은 값으로 나타낼 수 있다. 그 값들은 식 (1.19)로 결정할 수 있는데, 이때 z에 대응하는 점을 포함하는 사분면을 반드시 지정해야 한다. z의 편각 전체의 집합을 $\arg z$로 나타낸다. z의 편각 중에서 구간

$$(-\pi, \pi]$$

에 속하는 유일한 값을 $\arg z$의 **주편각**(principal argument)이라 하고, 기호로

$$\mathrm{Arg}z$$

로 나타낸다. 정의로부터 다음 관계가 성립한다.

$$\arg z = \mathrm{Arg}z + 2n\pi \quad (n = 0, \pm 1, \pm 2, \cdots) \tag{1.20}$$

또, z가 음의 실수일 때, $\mathrm{Arg}z$의 값은 $-\pi$가 아니라 π이다.

보기 1.4.1 **세 복소수**

$$2 + 2i, \quad -5i, \quad -1 + \sqrt{3}i$$

의 주편각과 편각을 각각 구하여라.

풀이. 복소수 $2 + 2i$는 제1사분면의 점이고 주편각은 $\frac{\pi}{4}$이다. 즉,

$$\mathrm{Arg}(2 + 2i) = \frac{\pi}{4}, \quad \arg(2 + 2i) = \frac{\pi}{4} + 2n\pi$$

복소수 $-5i$는 음의 허축에 놓여 있는 점이므로 주편각은 $-\dfrac{\pi}{2}$이다. 따라서

$$\mathrm{Arg}(-5i) = -\frac{\pi}{2}, \quad \arg(-5i) = -\frac{\pi}{2} + 2n\pi$$

끝으로, 복소수 $z = -1 + \sqrt{3}i$는 제2사분면의 점이고, $\theta = \arg z$이면

$$\tan\theta = -\frac{\sqrt{3}}{1}$$

이므로 $\mathrm{Arg}(-1 + \sqrt{3}i) = \frac{2}{3}\pi$이고

$$\arg(-1 + \sqrt{3}i) = \frac{2}{3}\pi + 2n\pi$$

이다. 여기서 n은 정수를 나타낸다. ∎

정리 1.4.1 두 복소수 z_1과 z_2에 대하여

$$|z_1 z_2| = |z_1| \cdot |z_2| \tag{1.21}$$

이고

$$\arg(z_1 z_2) = \arg(z_1) + \arg(z_2) \pmod{2\pi} \tag{1.22}$$

이다.[1]

증명. 등식 (1.21)은 정리 1.3.4의 (1)과 같다. 항등식 (1.22)를 증명하기 위해

$$z_1 = r_1(\cos\theta_1 + i\sin\theta_1), \quad z_1 = r_2(\cos\theta_2 + i\sin\theta_2)$$

로 놓자. 사인함수와 코사인함수의 덧셈정리로부터

$$z_1 z_2 = r_1 r_2(\cos(\theta_1 + \theta_2) + i\sin(\theta_1 + \theta_2)) \tag{1.23}$$

이 성립한다. 따라서

$$\arg(z_1 z_2) = \arg(z_1) + \arg(z_2) \pmod{2\pi}$$

∎

참고 1.4.2 등식 (1.22)에서 (mod 2π)를 추가한 것은 주편각을 생각하지 않고 편각을 생각하였기 때문이다. 실제로 식 (1.23)에서

$$\arg(z_1 z_2) = \arg(z_1) + \arg(z_2) \tag{1.24}$$

로 나타낼 수 있다. 이는 θ_1이 $\arg(z_1)$의 값 중에서 하나이고 θ_2가 $\arg(z_2)$의 값 중에서 하나일 때, $\theta_1 + \theta_2$는 $\arg(z_1 z_2)$의 값 중에서 하나라는 것을 의미한다. 즉, 식 (1.23)은 2π의 배수에 대하여 성립하므로

$$\arg(z_1 z_2) = \arg(z_1) + \arg(z_2) + 2k\pi \qquad (k\text{는 정수})$$

---

[1] mod 2π는 양변의 값의 차가 2π의 배수라는 것을 뜻한다.

로 나타내는 것이 정확한 표현이다. 그러므로

$$\arg(z_1 z_2) = \arg(z_1) + \arg(z_2) \qquad (\text{mod} \quad 2\pi)$$

이 성립한다. 편각 arg를 주편각 Arg로 바꾸었을 때 식 (1.24)가 성립하는 경우가 있지만 일반적으로 성립하지는 않는다. 즉, 일반적으로

$$\text{Arg}(z_1 z_2) \neq \text{Arg}(z_1) + \text{Arg}(z_2)$$

이다. 실제로, $z_1 = -1$이고 $z_2 = i$이면

$$\text{Arg}(z_1) = \pi, \quad \text{Arg}(z_2) = \frac{\pi}{2}$$

이고

$$\text{Arg}(z_1 z_2) = \text{Arg}(-i) = -\frac{\pi}{2}$$

이다.

수학적 귀납법을 이용하면 식 (1.23)의 일반형을 구할 수 있다.

정리 1.4.3 (드 므와브르 공식, De Moivre) $z = r(\cos\theta + i\sin\theta)$이고 n이 양의 정수이면

$$z^n = r^n(\cos n\theta + i\sin n\theta)$$

증명. 수학적 귀납법과 정리 1.4.1에 의해 성립한다. ■

n-제곱근(n-th root)

드 므와브르 공식(정리 1.4.3)을 이용하면 복소수의 n-제곱근을 구할 수 있다. 복소수 $z_0 \in \mathbb{C}$에 대하여 방정식 $z^n = z_0$을 만족시키는 복소수 z를 구하여 보자. z_0과 z를 각각 다음과 같이 극형식으로 나타내자.

$$z_0 = r_0(\cos\theta_0 + i\sin\theta_0), \quad z = r(\cos\theta + i\sin\theta)$$

드 므와브르 공식에 의해

$$z^n = r^n(\cos n\theta + i\sin n\theta)$$

이다. 따라서 극형식의 유일성에 의해

$$r^n = r_0 = |z_0|$$

이고

$$n\theta = \theta_0 + 2k\pi$$

이다. 여기서 k는 정수이다. 그러므로

$$z = r_0^{\frac{1}{n}}\left\{\cos\left(\frac{\theta_0 + 2k\pi}{n}\right) + i\sin\left(\frac{\theta_0 + 2k\pi}{n}\right)\right\} \tag{1.25}$$

각 $k = 0, 1, \ldots, n-1$에 대하여 식 (1.25)는 서로 다른 값을 나타낸다. 그러나 $k = n$이면 식 (1.25)의 값은 $k = 0$일 때의 값과 같고, $k = n+1$이면 $k = 1$일 때의 값과 같다. 이와 같은 규칙이 모든 정수에 대하여 성립하므로 식 (1.25)의 값은 $k = 0, 1, 2, \cdots, n-1$인 경우에만 서로 다른 값을 나타낸다. 특히 $z_0 = 1$인 경우에는 $\theta_0 = 0$이므로 $z^n = 1$을 만족시키는 서로 다른 복소수는

$$z = \cos\left(\frac{2k\pi}{n}\right) + i\sin\left(\frac{2k\pi}{n}\right) \quad (k = 0, 1, \ldots, n-1) \tag{1.26}$$

뿐이다. $z^n = 1$을 만족시키는 복소수를 **단위 n-제곱근**(n-th root of unity)이라고 한다.

보기 1.4.2 방정식 $z^3 = 1$의 해를 구하여라.

풀이. 공식 (1.26)로부터

$$z = \cos\frac{2k\pi}{3} + i\sin\frac{2k\pi}{3}, \quad k = 0, 1, 2$$

즉,

$$z = 1, -\frac{1}{2} + \frac{\sqrt{3}}{2}i, -\frac{1}{2} - \frac{\sqrt{3}}{2}i$$

일반적으로 단위 n-제곱근은 단위원에서 정n각형의 꼭짓점을 나타낸다.

연습문제

1. 다음 방정식의 해를 구하시오.

(1) $z^8 = 1$ (2) $z^5 - 2 = 0$ (3) $z^4 + i = 0$

2. 다음 복소수의 주편각 $\operatorname{Arg} z$를 구하시오.

(1) $z = (\sqrt{2} - i)^6$ (2) $z = (\sqrt{3} + i)(\sqrt{2} - i)$

3. 두 복소수 $z_1, z_2\ (z_2 \neq 0)$에 대하여

$$\arg\left(\frac{z_1}{z_2}\right) = \arg(z_1) - \arg(z_2) \qquad (\operatorname{mod} 2\pi)$$

임을 보이시오.

4. 다음 복소수의 주편각 $\operatorname{Arg} z$를 구하시오.

$$z = -\frac{2}{1 + \sqrt{3}\,i}$$

5. 두 복소수 z_1, z_2가 $\operatorname{Re} z_1 > 0,\ \operatorname{Re} z_2 > 0$이면

$$\operatorname{Arg}(z_1 z_2) = \operatorname{Arg}(z_1) + \operatorname{Arg}(z_2)$$

임을 증명하시오.

6. 복소수 z가 $|z| < 1$이면 다음 부등식이 성립함을 보이시오.

$$\left|\operatorname{Arg}\frac{1+z}{1-z}\right| < \frac{\pi}{2}$$

7. (1) $z \neq 1$일 때, 다음 식이 성립함을 보이시오.

$$1 + z + z^2 + \cdots + z^n = \frac{1 - z^{n+1}}{1 - z}$$

(2) 위의 (1)과 드 므와브르 공식을 이용하여 다음 항등식이 성립함을 보이시오. (이 항등식을 **라그랑주 삼각항등식**이라고 한다.)

$$1 + \cos\theta + \cos 2\theta + \cdots + \cos n\theta = \frac{1}{2} + \frac{\sin\left(n + \frac{1}{2}\right)\theta}{2\sin\frac{\theta}{2}}$$

(여기서 $\sin\frac{\theta}{2} \neq 0$임을 가정한다.)

8. 다음 *3*배각의 공식을 증명하시오. (**도움말:** 드 므와브르의 정리를 이용하여라.)

$$\cos 3\theta = \cos^3\theta - 3\cos\theta\sin^2\theta$$

$$\sin 3\theta = 3\cos^2\theta\sin\theta - \sin^3\theta$$

9. $\omega \neq 1$가 단위 n-제곱근일 때

$$1 + 2\omega + 3\omega^2 + \cdots n\omega^{n-1} = -\frac{n}{1-\omega}$$

가 성립함을 보이시오. (**도움말:** 함수 $f(\omega) = \sum_{k=1}^{n} \omega^k$를 미분하여라.)

10. $k = 1, 2, \cdots, n$에 대하여 복소수 z_k를

$$z_k = \cos\frac{2k\pi}{n} + i\sin\frac{2k\pi}{n}$$

로 놓으면

$$\sum_{k=1}^{n} |z_k - z_{k-1}| < 2\pi$$

임을 증명하시오.

제 2 장

복소평면의 위상

2.1 복소평면의 위상

복소함수를 다루기 위해서는 정의역이나 공역이 되는 복소평면의 위상에 대하여 알아야 한다. 이 절에서는 복소평면에서 두 점 사이의 멀고 가까운 위치를 나타내는 기준으로 사용할 근방(neighborhood)을 정의하고 그 기본 성질에 대하여 살펴보기로 한다.

정의 2.1.1 (1) $z_0 \in \mathbb{C}$와 양수 $\epsilon > 0$에 대하여

$$\{z \in \mathbb{C} : |z - z_0| < \epsilon\}$$

을 점 z_0의 ϵ-**근방**(ϵ-neighborhood)이라 하고, 기호

$$B(z_0, \epsilon)$$

으로 나타낸다. 이때 점 z_0을 ϵ-근방 $B(z_0, \epsilon)$의 중심, 양수 ϵ를 반지름의 길이라고 한다. 근방을 열린 원판(disk)이라고도 한다.

(2) $z \in S \subset \mathbb{C}$에 대하여 적당한 양수 $\epsilon > 0$이 존재하여 $B(z, \epsilon) \subset S$일 때, 점 z를 집합 S의 **내점**(interior point)이라고 한다.

(3) $S \subset \mathbb{C}$의 모든 점이 S의 내점일 때 S를 **열린 집합**(open set)이라고 한다.

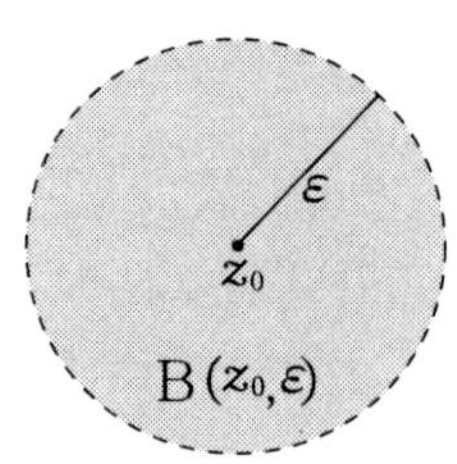

그림 2.1.

복소평면에서 다음 정리가 성립한다.

정리 2.1.2 (1) **복소평면 $\mathbb{C}$와 공집합 $\emptyset$은 열린 집합이다.**

(2) **양수 $r > 0$에 대하여**

$$\{z \in \mathbb{C} : |z| > r\}$$

은 열린 집합이다.

(3) **두 실수 $0 \leq r_1 < r_2$에 대하여**

$$\{z \in \mathbb{C} : r_1 < |z| < r_2\}$$

는 열린 집합이다.

(4) $O_1, O_2, \cdots, O_n$**이 열린 집합이면 교집합**

$$\bigcap_{k=1}^{n} O_k = O_1 \cap O_2 \cap \cdots \cap O_n$$

은 열린 집합이다.

(5) $\alpha \in \Lambda$**에 대하여** O_α**가 열린 집합이면 합집합**

$$\bigcup_{\alpha \in \Lambda} O_\alpha$$

는 열린 집합이다.

증명. (1)은 정의로부터 분명하므로 여기서는 (2)-(5)만 증명하기로 한다.

(2) $z_0 \in \{z : |z| > r\}$이면 $|z_0| > r$이다. 이때, $\epsilon = \frac{1}{2}(|z_0| - r) > 0$으로 놓으면

$$B(z_0, \epsilon) \subset \{z : |z| > r\}$$

임을 알 수 있다. 실제로, $z \in B(z_0, \epsilon)$이면 $|z - z_0| < \epsilon$이므로 삼각부등식(정리 1.3.4)에 의해

$$\begin{aligned} |z| &> |z_0| - |z - z_0| > |z_0| - \epsilon \\ &= |z_0| - \frac{1}{2}(|z_0| - r) = \frac{1}{2}(|z_0| + r) \\ &> r \qquad\qquad (\because \quad |z_0| > r) \end{aligned}$$

(3) $A := \{z : r_1 < |z| < r_2\}$로 놓고 $z_0 \in A$라 하면 $r_1 < |z_0| < r_2$이다. 이때

$$\epsilon = \frac{1}{2}\min\{|z_0| - r_1, r_2 - |z_0|\}$$

으로 놓으면 $B(z_0, \epsilon) \subset A$임을 알 수 있다. 실제로, $z \in B(z_0, \epsilon)$이면 $|z - z_0| < \epsilon$이고, 삼각부등식에 의해

$$\begin{aligned} |z| &> |z_0| - |z - z_0| > |z_0| - \epsilon \\ &= |z_0| - \frac{1}{2}\min\{|z_0| - r_1, r_2 - |z_0|\} \\ &\geq \frac{1}{2}(|z_0| + r_1) \\ &> r_1 \end{aligned}$$

$$(\because \ \min\{|z_0| - r_1, r_2 - |z_0|\} \leq |z_0| - r_1 \text{이고} \quad |z_0| > r_1)$$

한편,

$$\begin{aligned} |z| &< |z_0| + |z - z_0| < \epsilon + |z_0| \\ &\leq \frac{1}{2}(r_2 - |z_0|) + |z_0| = \frac{1}{2}(|z_0| + r_2) \\ &< r_2 \qquad\qquad (\because \ |z_0| < r_2) \end{aligned}$$

(4) $O := O_1 \cap O_2 \cap \cdots \cap O_n$으로 놓자. $z \in O$이면 모든 $i = 1, \cdots, n$에 대하여 $z \in O_i$이다. 각 $i = 1, \cdots, n$에 대하여 O_i가 열린 집합이므로 $B(z, \epsilon_i) \subset$

O_i가 되는 양수 $\epsilon_i > 0$이 존재한다. 이때, $\epsilon = \min\{\epsilon_1, \epsilon_2, \cdots, \epsilon_n\}$으로 놓으면 모든 $i = 1, \cdots, n$에 대하여 $B(z, \epsilon) \subset O_i$이다. 따라서 $B(z, \epsilon) \subset O$가 성립하므로 O는 열린 집합이다.

(5) 집합 O를

$$O = \bigcup_{\alpha \in \Lambda} O_\alpha$$

라 하자. $z \in O$이면 $z \in O_{\alpha_0}$인 $\alpha_0 \in \Lambda$가 존재한다. O_{α_0}가 열린 집합이므로 $B(z, \epsilon) \subset O_{\alpha_0}$을 만족시키는 양수 $\epsilon > 0$이 존재한다. 따라서

$$B(z, \epsilon) \subset \bigcup_{\alpha \in \Lambda} O_\alpha = O$$

이므로 O은 열린 집합이다.

∎

점 $(x_0, y_0) \in \mathbb{C}$와 양수 $\epsilon > 0$에 대하여 복소평면에서 다음과 같이 주어지는 집합

$$\{(x, y) \,:\, |x - x_0| < \epsilon,\ |y - y_0| < \epsilon\} \tag{2.1}$$

은 열린 집합임을 알 수 있다. 이러한 형태의 집합을 ϵ-사각형 근방이라고 한다.

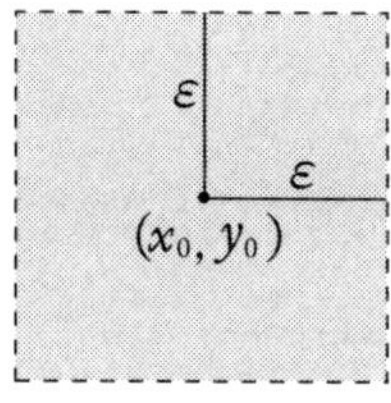

그림 2.2.

정의 2.1.3 **복소평면의 부분집합** $S \subset \mathbb{C}$**에 대하여 차집합** $\mathbb{C} - S$**가 열린 집합일 때** S**를 닫힌 집합**(closed set)**이라고 한다.**

닫힌 집합에 대한 정의와 정리 2.1.2로부터 다음 정리가 성립한다.

정리 2.1.4 (1) **복소평면 $\mathbb{C}$와 공집합 $\emptyset$은 닫힌 집합이다.**

(2) **양수 $r > 0$에 대하여**

$$\{z \in \mathbb{C} : |z| \geq r\}$$

은 닫힌 집합이다.

(3) **두 실수 $0 \leq r_1 < r_2$에 대하여**

$$\{z \in \mathbb{C} : r_1 \leq |z| \leq r_2\}$$

는 닫힌 집합이다.

(4) **$F_1, F_2, \cdots, F_n$이 닫힌 집합이면 합집합**

$$\bigcup_{k=1}^{n} F_k = F_1 \cup F_2 \cup \cdots \cup F_n$$

은 닫힌 집합이다.

(5) **$\alpha \in \Lambda$에 대하여 F_α가 닫힌 집합이면 교집합**

$$\bigcap_{\alpha \in \Lambda} F_\alpha$$

도 닫힌 집합이다.

증명. 정리 2.1.2와 드모르강의 법칙

$$\left(\bigcup_{k=1}^{n} F_k\right)^C = \bigcap_{k=1}^{n} (F_k)^C, \quad \left(\bigcap_{\alpha \in \Lambda} F_\alpha\right)^C = \bigcup_{\alpha \in \Lambda} (F_\alpha)^C$$

에 의해 성립한다. ∎

정의 2.1.5 (1) **$z_0 \in \mathbb{C}$와 양수 $\epsilon > 0$에 대하여**

$$\{z \in \mathbb{C} : 0 < |z - z_0| < \epsilon\}$$

을 중심제거 ϵ-근방(deleted neighborhood)**이라 하고, 기호 $\check{B}(z_0, \epsilon)$으로 나타낸다.**

(2) $S \subset \mathbb{C}$이고 $z_0 \in \mathbb{C}$라 하자. 임의의 양수 $r > 0$에 대하여

$$(S - \{z_0\}) \cap B(z_0, \epsilon) \neq \emptyset$$

일 때, 점 z_0을 집합 S의 **집적점**(limit point 또는 accumulation point)이라고 한다. 또, 집합 S의 집적점 전체의 집합을 S'으로 나타낸다.

(3) $S \subset \mathbb{C}$에 대하여 S와 S의 집적점 전체의 집합을 S의 **폐포**(閉苞, closure)라 하고, 기호 $\overline{S}$ 로 나타내다. 즉,

$$\overline{S} = S \cup S'$$

집합의 내점을 생각할 때에는 반드시 주어진 집합에 속하는 점을 생각하지만 집적점의 경우에는 그 점이 주어진 집합에 속하지 않아도 된다.

보기 2.1.1 집합 S를 다음과 같이 정의하자.

$$S = \left\{ \frac{1}{n} \ : n \in \mathbb{N} \right\}$$

이때 원점 $z_0 = 0$은 집합 S의 집적점임을 보일 수 있다. 그러나 $z_0 = 0 \notin S$이다. 실제로 아르키메데스 정리에 의해 임의의 양수 $\epsilon > 0$에 대하여

$$\frac{1}{n} < \epsilon$$

를 만족시키는 자연수 n이 존재하므로

$$S \cap B(0, \epsilon) \neq \emptyset$$

이다.

정리 2.1.6 집합 S가 닫힌 집합일 필요충분조건은 $S' \subset S$인 것이다.

증명. ($\Rightarrow$) S가 닫힌 집합이라고 하고, z_0이 집합 S의 집적점이라고 하자. 귀류법을 이용하여 $z_0 \in S$임을 보이자.

만일, $z_0 \notin S$이면 $z_0 \in \mathbb{C} - S$이고 집합 $\mathbb{C} - S$가 열린 집합이므로 $B(z_0, \epsilon) \subset \mathbb{C} - S$인 양수 $\epsilon > 0$이 존재한다. 따라서

$$B(z_0, \epsilon) \cap S = \emptyset$$

이 성립한다. 그러나 이것은 z_0이 집합 S의 집적점이라는 가정에 모순이다. 그러므로 $z_0 \in S$이다.

$(\Leftarrow)$ $\mathbb{C} - S$가 열린 집합이 아니라고 하자. 그러면 점 $z_0 \in \mathbb{C} - S$가 존재하여 임의의 양수 $\epsilon > 0$에 대하여

$$B(z_0, \epsilon) \not\subseteq \mathbb{C} - S$$

이다. 즉, $z \in B(z_0, \epsilon)$, $z_0 \neq z$이고 $z \in S$인 점 z가 존재하므로

$$B(z_0, \epsilon) \cap (S - \{z_0\}) \neq \emptyset$$

따라서 z_0은 집합 S의 집적점이므로 가정에 의해 $z_0 \in S$이다. 그러나 이것은 $z_0 \in \mathbf{C} - S$에 모순이다. 따라서 $\mathbb{C} - S$가 열린 집합이므로 S는 닫힌 집합이다. ■

정의 2.1.7 집합 $S \subset \mathbb{C}$에 대하여 다음 조건을 만족시키는 열린 집합 U, V가 존재할 때, S를 비연결집합(disconnected set)**이라고 한다:**

(i) $S \subset U \cup V$이고 $U \cap V = \emptyset$

(ii) $U \cap S \neq \emptyset, \quad V \cap S \neq \emptyset$

집합 S가 비연결집합이 아닐 때 연결집합(connected set)**이라고 한다.**

정의에 의해 S가 연결집합이고 열린 집합 U, V에 대하여

$$S = U \cup V$$

이면 $U = \emptyset$ 또는 $V = \emptyset$이어야만 한다.

보기 2.1.2 집합 $B = \{z : |z| < 1\}$은 연결집합이고 집합

$$S = \{z : |z| < 1\} \cup \{z : |z - 3| < 1\}$$

은 비연결집합이다. 일반적으로 양수 $r > 0$에 대하여 중심이 원점인 r-근방

$$B = \{z : |z| < r\}$$

은 연결집합인 동시에 열린 집합이다.

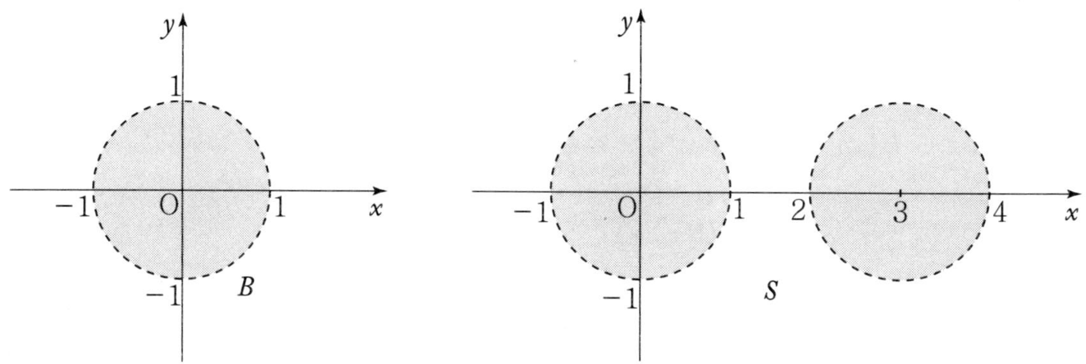

그림 2.3.

$A \subset S \subset \mathbb{C}$라 하자. $\mathbb{C}$의 열린 집합 U에 대하여

$$A = U \cap S$$

로 나타낼 수 있을 때, 집합 A가 S의 상대위상(relative topology)에 대하여 열린 집합이라고 한다. 또, $\mathbb{C}$의 닫힌 집합 F에 대하여

$$A = F \cap S$$

로 나타낼 수 있을 때, A가 S의 상대위상에 대하여 닫힌 집합이라고 한다.

정리 2.1.8 **집합 S가 연결집합일 필요충분조건은 S의 상대위상에 대하여 S의 부분집합 중 열린 집합인 동시에 닫힌 집합인 것은 $\emptyset$과 자기 자신 S뿐인 것이다.**

증명. S가 연결집합이라 하고 $A \subset S$이 S의 상대위상에 대하여 열린 집합인 동시에 닫힌 집합이라고 하자. 그러면 집합 $S - A$도 상대위상에 대하여 열린 집합인 동시에 닫힌 집합이다. 더욱이,

$$S = A \cup (S - A), \quad A \cap (S - A) = \emptyset$$

이 성립한다. S가 연결 집합이므로 $A = \emptyset$이거나 $S - A = \emptyset$이다. $S - A = \emptyset$이면 $A = S$이므로 정리가 성립한다. ■

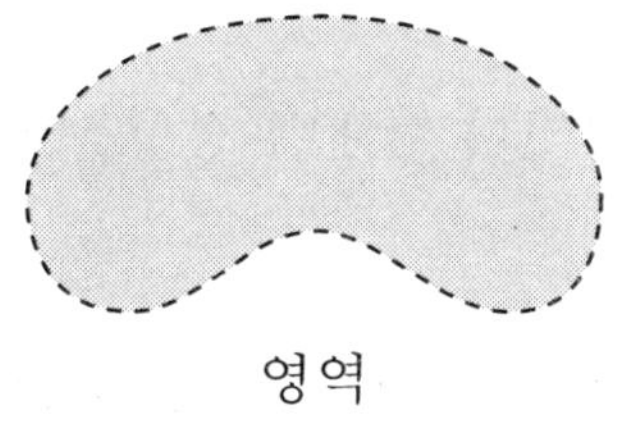

영역

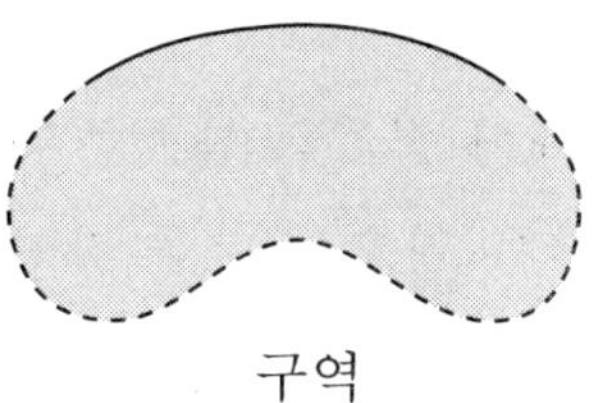

구역

그림 2.4.

정의 2.1.9 (1) 복소평면 $\mathbb{C}$에서 열린 집합이면서 연결집합인 것을 **영역**(domain)이라고 한다.

(2) $D \subset \mathbb{C}$가 영역일 때, D의 경계 ∂D 또는 그것의 일부와 D의 합집합을 **구역**(region)이라고 한다.

(3) $S \subset \mathbb{C}$에 대하여 S를 포함하는 중심이 원점인 근방이 존재할 때 즉,

$$S \subset B(0, R)$$

를 만족시키는 양수 $R > 0$이 존재할 때, 집합 S는 **유계**(bounded)라고 한다.

정의 2.1.10 $S \subset \mathbb{C}$가 다음 조건을 만족시킬 때 **호연결 집합**(path-connected)이라고 한다: 임의의 두 점 $a, b \in S$에 대하여 $\gamma(0) = a, \gamma(1) = b$를 만족시키는 연속인 곡선

$$\gamma : [0, 1] \to S$$

이 존재한다. 이때 γ를 두 점 a와 b를 연결하는 곡선이라고 한다.

정리 2.1.11 S**가 호연결 집합이면** S**는 연결집합이다.**

증명. S가 비연결집합이라고 가정하면 다음을 만족시키는 열린 집합 U, V가 존재한다:

$$(2.2) \qquad U \cap V = \emptyset, \quad U \cup V = S, \quad U \cap S \neq \emptyset, \quad V \cap S \neq \emptyset.$$

이때 점 $z_0 \in U$와 점 $z_1 \in V$를 택하면 (2.2)에 의해 점 z_0과 저 z_1을 연결시키는 연속인 곡선이 존재하지 않는다. ∎

복소평면에서 정의된 복소함수의 성질은 정의역의 형태에 영향을 받는다. 이와 관련하여 앞으로 필요한 다음 정리를 소개하기로 한다.

정리 2.1.12 D**가 영역이면** D**에 속하는 임의의 두 점은** D**에 속하는 꺾인 선분(polygonal lines)으로 연결시킬 수 있다.**

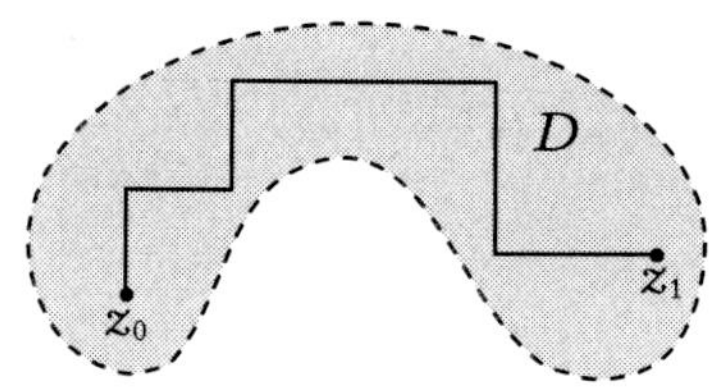

그림 2.5.

증명개요. 영역 D에서 한 점 z_0을 택하자. 임의의 점 $z \in D$에 대하여 두 점 z_0과 z를 D에 속하는 꺾인 선분으로 연결시킬 수 있음을 보이면 된다. 집합 A를

$$A = \{z \in D : z \sim z_0\}$$

로 놓자. 여기서 $z \sim z_0$는 점 z와 z_0을 D에 속하는 꺾인 선분으로 연결시킬 수 있다는 것을 의미한다. 이때 집합 B를 $B = D - A$로 놓으면 $A \cup B = D$이고 $A \cap B = \emptyset$이다.

이제 집합 A가 D의 상대위상에 대하여 열린 집합인 동시에 닫힌 집합이라는 것을 보일 수 있다. $z_0 \in A \neq \emptyset$이므로 $A = D$, $B = \emptyset$이다. ∎

참고 2.1.13 정리 *2.1.12*에서 D가 영역이면 임의의 두 점을 실축 또는 허축에 평행한 꺾인 선분으로만 연결시킬 수 있다는 것도 보일 수 있다. 실제로 임의의 근방에서 이러한 것이 가능하고 영역은 열린 집합이므로 좌표축에 평행한 선분으로만 연결시킬 수 있다.

연습문제

1. 집합
$$A = \bigcap_{n=1}^{\infty} \left\{ z : |z| < \frac{1}{n} \right\}$$
에 대하여 다음 물음에 답하시오.

(1) A는 열린 집합인가? 답에 대한 이유를 말하시오.

(2) 집합 A를 구체적으로 구하시오.

2. 집합
$$B = \bigcup_{n=1}^{\infty} \left\{ z : |z| \leq 1 - \frac{1}{n} \right\}$$
에 대하여 다음 물음에 답하시오.

(1) B는 닫힌 집합인가? 답에 대한 이유를 말하시오.

(2) 집합 B를 구체적으로 구하시오.

3. 식 (2.1)로 주어진 집합은 열린 집합임을 보이시오.

4. 집합 $S \subset \mathbb{C}$가 열린 집합일 필요충분조건은 각 점 $z \in S$가 S의 내점인 것임을 보이시오.

5. 집합 S가 닫힌 집합일 필요충분조건은 $S = \overline{S}$임을 보이시오.

6. z_0가 집합 S의 집적점일 때, z_0의 임의의 근방은 S의 점을 무한히 많이 포함함을 보이시오.

7. 유한집합은 닫힌 집합임을 보이시오.

8. 집합

$$A = \{\, z \in \mathbb{C} \,:\, \mathrm{Re}(z) > 0 \cup \mathrm{Re}(z) < -2 \,\}$$

에 대하여 다음 물음에 답하시오.

(1) 집합 A는 열린 집합인가? 닫힌 집합인가?

(2) 집합 A는 유계인가?

(3) 집합 A는 연결집합인가?

9. 집합

$$B = \left\{\, z \in \mathbb{C} \,:\, -\frac{\pi}{4} \le \mathrm{Arg}(z) \le \frac{\pi}{4} \,\right\}$$

에 대하여 다음 물음에 답하시오.

(1) 집합 B는 열린 집합인가? 닫힌 집합인가?

(2) 집합 B는 유계인가?

(3) 집합 B는 연결집합인가?

10. 집합 $S = \{z \,:\, |z| < 1$ 또는 $|z-2| < 1\,\}$은 연결 집합이 아님을 설명하시오.

11. 복소평면 $\mathbb{C}$에서 두 집합 A와 B가 각각 다음과 같다.

$$A = \left\{ (x, y) \,:\, y = \sin\frac{1}{x},\ x \neq 0 \right\}, \quad B = \{(0, y) \,:\, -1 \le y \le 1\}$$

합집합 $A \cup B$는 연결 집합임을 보이시오. 그러나 $A \cup B$는 호연결 집합이 아님을 보이시오.

2.2 복소수열

이 절에서는 복소수로 이루어진 복소수열의 수렴성에 대하여 알아보자. 복소수열(sequence of complex numbers)은 자연수 n에 복소수 z_n을 대응시키는 함수로 생각할 수 있다.

정의 2.2.1 **자연수 전체의 집합 $\mathbb{N}$에서 정의된 복소평면 $\mathbb{C}$로의 함수**

$$f : \mathbb{N} \to \mathbb{C}$$

를 복소수열 또는 간단히 수열(sequence)이라고 한다. 그리고 각 $n \in \mathbb{N}$에 대한 함수 f의 값 $f(n) = z_n \in \mathbb{C}$을 수열 f의 제n항 또는 일반항이라고 한다.

복소수열 $\{z_n\}$은 실수로 이루어진 수열과 마찬가지로 편의상 다음과 같이 나열하여 나타내기도 한다:

$$z_1, z_2, z_3, \cdots, z_n, \cdots$$

정의 2.2.2 **복소수열 $\{z_n\}$과 복소수 z_0이, 다음 명제**

「임의의 양수 $\epsilon > 0$에 대하여, 이에 대응하는 적당한 자연수 $N = N(\epsilon) \in \mathbb{N}$이 존재하여 $n \geq N$일 때 $|z_n - z_0| < \epsilon$이다」

를 만족시킬 때 z_n이 z_0으로 수렴(converge)한다고 하고, 기호로

$$\lim_{n\to\infty} z_n = z_0$$

으로 나타낸다.

정리 2.2.3 **복수수열 $z_n = x_n + iy_n$에 대하여 $n \to \infty$일 때, $z_n \to z_0 = x_0 + iy_0$일 필요충분조건은 $x_n \to x_0$이고 $y_n \to y_0$인 것이다.**

증명. $(\Rightarrow)$ $n \to \infty$일 때, $z_n \to z_0$이라고 하자. 삼각부등식

$$|x_n - x_0| \leq |z_n - z_0|, \qquad |y_n - y_0| \leq |z_n - z_0|$$

으로부터 $x_n \to x_0$, $y_n \to y_0$임을 알 수 있다.

($\Leftarrow$) $\lim_{n\to\infty} x_n = x_0$이고 $\lim_{n\to\infty} y_n = y_0$이라고 하자. 주어진 양수 $\epsilon > 0$에 대하여 $n \geq N$일 때,

$$(2.3) \qquad |x_n - x_0| < \frac{\epsilon}{2}, \qquad |y_n - y_0| < \frac{\epsilon}{2}$$

을 만족시키는 자연수 N이 존재한다. 식 (2.3)으로부터

$$\begin{aligned} |z_n - z_0| &= |(x_n - x_0) + i(y_n - y_0)| \\ &\leq |x_n - x_0| + |y_n - y_0| < \frac{\epsilon}{2} + \frac{\epsilon}{2} = \epsilon \end{aligned}$$

따라서 $\{z_n\}$은 z_0으로 수렴한다. ∎

정리 2.2.4 수렴하는 수열은 유계이다.

증명. $\lim_{n\to\infty} z_n = z_0$이라 하고 $\epsilon = 1$을 택하자. 그러면 $n \geq N$인 모든 자연수 n에 대하여 $z_n \in B(z_0, 1)$인 자연수 N이 존재한다. 이때

$$M := \max\{|z_1|, |z_2|, \cdots, |z_N|\}$$

으로 놓으면 모든 자연수 $n = 1, 2, 3, \cdots$에 대하여

$$|z_n| \leq M + |z_0| + 1$$

이다. ∎

정의 2.2.5 수열 $\{z_n\}$이 주어졌을 때, $\mathbb{N}$에서의 수열 $\{n_k\}$가

$$n_1 < n_2 < n_3 < \cdots < n_k < \cdots$$

인 관계를 만족시킬 때, 수열 $\{z_{n_k}\}$를 $\{z_n\}$의 **부분수열**(subsequence)이라고 한다.

정리 2.2.6 수열 $\{z_n\}$이 z_0으로 수렴하면 임의의 부분수열 $\{z_{n_k}\}$도 z_0으로 수렴한다.

증명. 임의의 양수 $\epsilon > 0$에 대하여 자연수 k가 $k \geq N$이면

$$|z_k - z_0| < \epsilon$$

인 자연수 N이 존재한다. 부분수열의 정의로부터

$$n_k \geq k$$

가 항상 성립한다. 따라서

$$|z_{n_k} - z_0| \geq \epsilon$$

을 만족시키는 z_{n_k}는 많아야 유한개이다. ∎

정의 2.2.7 $S \subset \mathbb{R}$**가 공집합이 아닌 실수의 부분집합이라고 하자.**

(1) **실수** α**가 다음 조건을 만족시킬 때, 집합** S**의 상한**(supremum) **또는 최소상계**(least upper bound)**라고 한다:**

(i) **모든** $x \in S$**에 대하여** $x \leq \alpha$**이다.**

(ii) $\beta \in \mathbb{R}$**이고** $\beta < \alpha$**이면** $\beta < x \leq \alpha$**를 만족시키는** $x \in S$**가 존재한다.**

이때 $\sup S = \alpha$**로 나타낸다.**

(2) **실수** c**가 다음 조건을 만족시킬 때, 집합** S**의 하한**(infimum) **또는 최대하계**(greatest lower bound)**라고 한다:**

(iii) **모든** $x \in S$**에 대하여** $x \geq c$**이다.**

(iv) $a \in \mathbb{R}$**이고** $c < a$**이면** $c \leq x < a$**를 만족시키는** $x \in S$**가 존재한다.**

이때 $\inf S = c$**로 나타낸다.**

위의 정의 2.2.7에서 (ii)와 (iv)는 다음과 같이 나타낼 수도 있다.
(ii)' 임의의 $\epsilon > 0$에 대하여 $\alpha - \epsilon < x \leq \alpha$인 $x \in S$가 존재한다.
(iv)' 임의의 $\epsilon > 0$에 대하여 $c \leq x < c + \epsilon$인 $x \in S$가 존재한다.

정의로부터 공집합이 아닌 실수의 부분집합 S의 상한 α가 존재하면 α는 유일하다. 또 하한 c가 존재하면 c도 유일하다.

공리 2.2.8 (완비성공리) $\mathbb{R}$의 공집합이 아닌 부분집합 S가 위로 유계이면 반드시 상한 $\sup S$가 존재한다.

정리 2.2.9 $\mathbb{R}$의 공집합이 아닌 부분집합 S가 아래로 유계이면 반드시 하한 $\inf S$가 존재한다.

증명. 집합 T를

$$T = \{y \in \mathbb{R} : y\text{는 } S\text{의 하계이다}\}$$

로 정의하자. S의 하계가 존재하므로 T는 공집합이 아니다. 또, $x \in S, y \in T$이면 $y \leq x$이므로 T는 위로 유계인 $\mathbb{R}$의 부분집합이다. 완비성공리(공리 2.2.8)에 의해

$$\sup T := \alpha$$

가 존재한다.

이제 $\inf S = \alpha$임을 보이자. 상계의 정의로부터, 모든 $y \in T$에 대하여 $y \leq \alpha$이다. 또한, 모든 $x \in S$는 T의 상계이므로 $\alpha \leq x$이다. 따라서 하한의 정의에 의해 $\inf S = \alpha$이다. ■

정의 2.2.10 (1) 실수열 $\{x_n\} \subset \mathbb{R}$가 각각의 자연수 n에 대하여

$$x_{n+1} \geq x_n$$

을 만족시킬 때, $\{x_n\}$을 **단조증가**(monotone increasing)수열이라고 한다. 또

$$x_{n+1} \geq x_n \qquad (x_{n+1} \leq x_n)$$

을 만족시킬 때, $\{x_n\}$을 **단조감소**(monotone decreasing) 수열이라고 한다.

(2) $\{x_n\}$이 단조증가 수열이거나 단조감소 수열일 때 **단조수열**(monotone sequence)이라고 한다.

정리 2.2.11 실수열 $\{x_n\} \subset \mathbb{R}$가 유계인 단조수열이면 $\{x_n\}$은 수렴한다.

증명. $\{x_n\}$이 유계인 단조증가 수열이라고 하자. 완비성공리에 의해

$$\sup\{x_n\} = x$$

이 존재한다. $n \to \infty$일 때 $x_n \to x$임을 보이자.

정의에 의해 모든 자연수 n에 대하여 $x_n \le x$이다. 또 임의의 양수 $\epsilon > 0$에 대하여 $x_N > x - \epsilon$을 만족시키는 자연수 N이 존재한다. $\{x_n\}$이 단조증가 수열이므로 $n \ge N$인 모든 자연수 n에 대하여 $x_n \ge x_N$이다. 따라서, $n \ge N$인 모든 자연수 n에 대하여

$$x - \epsilon < x_N \le x_n$$

그러므로 $n \to \infty$일 때, $x_n \to x = \sup\{x_n\}$이다.

$\{x_n\}$가 유계인 단조감소 수열인 경우에도 비슷한 방법으로 보일 수 있다. ∎

정리 2.2.12 **임의의 실수열에는 단조수열인 부분수열이 존재한다.**

증명. $\{x_n\} \subset \mathbb{R}$가 실수열이라고 하자. 이때 $k \ge n$인 모든 자연수 k에 대하여 $x_k \le x_n$인 자연수 n의 집합을 A라고 하자. 즉,

$$A = \{n \in \mathbb{N} \ : \ \forall k \ge n \ \Rightarrow \ x_k \le x_n\}$$

집합 A가 무한집합이면 A에 속하는 원소들의 아래 첨자를 재배열하여

$$n_1 < n_2 < n_3 < \cdots$$

로 놓을 수 있다. 그러면

$$x_{n_1}, x_{n_2}, x_{n_3}, \cdots$$

은 단조감소수열이다.

집합 A가 유한집합일 때 $n_0 = \max A$이라고 하자. $m_1 > n_0$인 자연수 m_1을 택하자. 그러면 집합 A의 정의로부터 각각의 $m_1 + k$에 대하여

$$x_m > x_{m_1+k}$$

인 자연수 $m \geq m_1 + k$가 존재한다. m_2를 $m_2 > m_1$이고 $x_{m_2} > x_{m_1}$인 첫 번째 자연수라고 하자. 또 m_2를 $m_3 > m_2$이고 $x_{m_3} > x_{m_2}$ 첫 번째 자연수라고 하자. 이와 같은 방법으로 계속하여 m_k를 택하면

$$x_{m_1}, x_{m_2}, x_{m_3}, \cdots$$

은 단조증가 수열이다. ∎

정리 2.2.13 (볼차노-바이어슈트러스, Bolzano-Weierstrass) 임의의 유계인 복소수열은 반드시 수렴하는 부분수열을 가진다.

증명. $z_n = x_n + iy_n$을 양수 $M > 0$에 대하여 $|z_n| \leq M$인 복소수열이라고 하자. 그러면 모든 자연수 n에 대하여

$$|x_n| \leq M, \quad |y_n| \leq M$$

이다. 정리 2.2.11과 정리 2.2.12에 의해 실수열 $\{x_n\}$은 수렴하는 단조수열 $\{x_{n_k}\}$를 가진다. 이때 $\{x_{n_k}\}$에 대응하는 $\{y_n\}$의 부분수열을 $\{y_{n_k}\}$를 생각하자. 부분수열 $\{y_{n_k}\}$이 수렴하면 $z_{n_k} = x_{n_k} + iy_{n_k}$는 수렴하는 $\{z_n\}$의 부분수열이다.

만일 $\{y_{n_k}\}$이 수렴하지 않으면 정리 2.2.11과 정리 2.2.12를 적용하여 수렴하는 $\{y_{n_k}\}$의 부분수열

$$\{y_{n_{k(l)}}\}$$

을 택하면

$$z_{n_{k(l)}} = x_{n_{k(l)}} + iy_{n_{k(l)}}$$

는 수렴하는 $\{z_n\}$의 부분수열이다. ∎

정리 2.2.14 **z_0이 집합 $S \subset \mathbb{C}$의 집적점일 필요충분조건은 $z_n \to z_0$인 수열 $\{z_n\}$이 집합 S에 존재하는 것이다.**

증명. ($\Rightarrow$) z_0이 집합 S의 집적점이라고 하자. 정의에 의해 각각의 자연수 $n \in \mathbb{N}$에 대하여

$$z_n \in B(z_0, \frac{1}{n}) \cap S$$

인 $z_n \in S$이 존재한다. 연습문제 2.1.4에 의해 점 z_0의 임의의 근방이 S에 속하는 무한히 많은 점들을 포함하므로 z_n이 모두 서로 다른 복소수라고 가정해도 된다. 주어진 양수 $\epsilon > 0$에 대하여 아르키메데스 정리를 적용하면

$$\frac{1}{N} < \epsilon$$

를 만족시키는 자연수 $N \in \mathbb{N}$이 존재한다. 따라서 $n > N$인 모든 자연수 n에 대하여 $z_n \in B(z_0, \epsilon)$이므로 $z_n \to z_0$이다.

($\Leftarrow$) $\{z_n\}$이 S에 속하는 서로 다른 수로 이루어진 복소수열이라 하고, $n \to \infty$일 때 $z_n \to z_0$이라고 하자. 그러면 임의의 양수 $\epsilon > 0$에 대하여 $B(z_0, \epsilon)$는 z_n 중에서 유한개를 제외한 모든 수를 포함한다. 따라서 $B(z_0, \epsilon) \cap (S - \{z_0\}) \neq \emptyset$이므로 z_0은 집합 S의 집적점이다. ∎

정리 2.2.15 (볼차노-바이어슈트라스) 복소평면에서 유계인 무한집합은 반드시 집적점을 갖는다.

증명. S가 유계인 무한집합이라고 하자. $z_n = x_n + iy_n \in S$인 서로 다른 수 z_n을 택하면 가정으로부터 $\{z_n\}$은 유계이다. 정리 2.2.13에 의해 복소수 z_0에 수렴하는 z_n의 부분수열 $\{z_{n_k}\}$이 존재한다. 그러면 정리 2.2.14에 의해 z_0은 집합 S의 집적점이다. ∎

정의 2.2.16 복소수열 $\{z_n\}$이 다음 조건을 만족시킬 때, 코시수열(Cauchy sequence)**이라고 한다:**

「임의의 양수 $\epsilon > 0$에 대하여 자연수 m, n이 $m, n \geq N$이면

$$|z_m - z_n| < \epsilon$$

를 만족시키는 자연수 $N = N(\epsilon)$이 존재한다.」

정리 2.2.17 복소수열 $\{z_n\}$이 수렴할 필요충분조건은 $\{z_n\}$이 코시수열인 것이다.

증명. $(\Rightarrow)$ $n \to \infty$일 때 $z_n \to z_0$이라고 하자. 양수 $\epsilon > 0$에 대하여 $n \geq N$이면

$$|z_n - z_0| < \frac{\epsilon}{2}$$

를 만족시키는 자연수 N이 존재한다. $m, n \geq N$이면 삼각부등식에 의해

$$\begin{aligned} |z_n - z_m| &= |z_n - z_0 + z_0 - z_m| \\ &\leq |z_n - z_0| + |z_m - z_0| \\ &< \frac{\epsilon}{2} + \frac{\epsilon}{2} = \epsilon \end{aligned}$$

따라서 $\{z_n\}$은 코시수열이다.

$(\Leftarrow)$ $\{z_n\}$이 코시수열이라고 하자. $\epsilon = 1$이면 자연수 $n \geq N$에 대하여 $|z_n - z_N| < 1$을 만족시키는 자연수 N이 존재한다. 즉, $n \geq N$이면

$$|z_n| \leq |z_N| + 1$$

따라서 $\{z_n\}$은 유계이다. 정리 2.2.13에 의해 적당한 복소수 z_0이 존재하여 $z_{n_k} \to z_0$인 $\{z_n\}$의 부분수열 $\{z_{n_k}\}$가 존재한다.

주장: $z_n \to z_0$임을 보이자.

삼각부등식에 의해

$$\begin{aligned} |z_n - z_0| &= |z_n - z_{n_k} + z_{n_k} - z_0| \leq |z_n - z_{n_k}| + |z_{n_k} - z_0| \\ &< \frac{\epsilon}{2} + \frac{\epsilon}{2} = \epsilon \end{aligned}$$

그러므로 $z_n \to z_0$이다. ∎

연습문제

1. 수열 $\{z_n\}$이 z_0으로 수렴하고, 수열 $\{w_n\}$이 w_0으로 수렴할 때, 다음이 성립함을 보이시오.

(1) $\lim_{n\to\infty}(z_n + w_n) = z_0 + w_0$ (2) $\lim_{n\to\infty} z_n w_n = z_0 w_0$

2. 수열 $\{z_n\}$이 수렴하면 실수열 $\{|z_n|\}$도 수렴함을 보이시오. 이것의 역도 성립하는가?

3. 다음 수열 중에서 수렴하는 수열을 찾으시오.

(1) $\{i^n\}$ (2) $\left\{\dfrac{\cos n + i\sin n}{n}\right\}$

(3) $\{z_0^n : |z_0| < 1\}$ (4) $\left\{\dfrac{1 + \frac{1}{2} + \frac{1}{3} + \cdots + \frac{1}{n}}{n}\right\}$

4. 수열 $\{z_n\}$이 0으로 수렴할 때,

$$\left\{\frac{z_1 + z_2 + \cdots + z_n}{n}\right\}$$

도 0으로 수렴함을 보이시오. 또, 수열 $\{z_n\}$이 z_0으로 수렴하면

$$\left\{\frac{z_1 + z_2 + \cdots + z_n}{n}\right\}$$

은 z_0으로 수렴함을 보이시오.

2.3 옹골집합

정의 2.3.1 (1) 집합 S가 자연수의 집합 $\mathbb{N}$과 일대일대응(ono-to-one correspondence) 관계일 때, 집합 S을 **가산집합**(countable)이라고 한다.

(2) 열린 집합들의 모임 $\{O_\alpha\}_{\alpha\in I}$이

$$S \subset \bigcup_{\alpha\in I} O_\alpha$$

를 만족시킬 때, $\{O_\alpha\}_{\alpha\in I}$를 집합 S의 **열린 덮개**(open cover)라고 한다.

(3) 집합 S의 열린 덮개 $\mathcal{O} = \{O_\alpha\}_{\alpha\in I}$에 대하여 I의 부분집합 J가 존재하여

$$S \subset \bigcup_{\beta\in J} O_\beta$$

를 만족시킬 때, $\{O_\beta\}_{\beta\in J}$를 S의 **부분덮개**(subcovering)라고 한다. 집합 S의 임의의 열린 덮개에 대하여 유한개로 이루어진 유한 부분덮개가 존재할 때, S를 옹골집합(compact)이라고 한다.

도움정리 2.3.2 실수 $\mathbb{R}$의 닫힌 구간열 $\{I_n\}$이 다음 조건을 만족시킨다.

(i) $I_{n+1} \subset I_n$

(ii) $n \to \infty$일 때, I_n의 길이는 0으로 수렴한다.

그러면 $\displaystyle\bigcap_{n=1}^{\infty} I_n$은 오직 한 점이다.

증명. $I_n = [a_n, b_n]$으로 놓으면 가정에 의해

$$a_n \le a_{n+1} < b_{n+1} \le b_n \qquad (n = 1, 2, 3, \cdots)$$

이고

$$\lim_{n\to\infty} (b_n - a_n) = 0 \tag{2.4}$$

이다. 따라서 $\{a_n\}$과 $\{b_n\}$은 유계인 단조수열이다. 정리 2.2.11에 의해 수열 $\{a_n\}$과 수열 $\{b_n\}$은 수렴하고 특히 식 (2.4)에 의해 극한값이 같다. 즉, 실수 x_0이 존재하여

$$a_n \to x_0 \qquad \text{이고} \qquad b_n \to x_0$$

$x_0 = \sup\{a_n\} = \inf\{b_n\}$이므로 모든 자연수 n에 대하여 $x_0 \in [a_n, b_n]$이다. 따라서

$$\bigcap_{n=1}^{\infty} [a_n, b_n] \supset \{x_0\}$$

유일성을 보이기 위해

$$x_1 \in \bigcap_{n=1}^{\infty} [a_n, b_n] \qquad \text{이고} \qquad x_1 \neq x_0$$

라고 가정하자. $x_1 < x_0$이면 $x_0 \neq \sup\{a_n\}$이고 $x_1 > x_0$이면 $x_0 \neq \inf\{b_n\}$이므로 어느 경우이든 모순이다. 그러므로 정리가 성립한다. ∎

도움정리 2.3.2의 조건 (ii)를 다음 조건

(ii)' I_1은 유계이다.

로 대체하면 다음이 성립함을 증명할 수 있다:

$$\bigcap_{n=1}^{\infty} I_n \neq \emptyset$$

도움정리 2.3.3 $\{S_n\}$**이 복소평면** $\mathbb{C}$ **또는 좌표평면** $\mathbb{R}^2$**의 유계인 닫힌 직사각형이라고 하자. 만일 모든 자연수** n**에 대하여** $S_{n+1} \subset S_n$**이고,** $n \to \infty$**일 때** S_n**의 각 변이 모두 0으로 수렴하면** $\bigcap_{n=1}^{\infty} S_n$**은 오직 한 점이다.**

증명. 집합 S_n의 실축(real axis)과 허축(imaginary axis) 위로의 정사영을 각각 $I_n = [a_n, b_n]$, $J_n = [c_n, d_n]$이라고 하자. 집합 S_n에 대한 가정으로부터 닫힌 구간 I_n과 J_n은 도움정리 2.3.2의 조건을 만족시킨다. 따라서 실수 x_0, y_0이 존재하여

$$\bigcap_{n=1}^{\infty} I_n = \{x_0\}, \qquad \bigcap_{n=1}^{\infty} J_n = \{y_0\}$$

그러므로

$$\{z_0\} = \{(x_0, y_0)\} = \bigcap_{n=1}^{\infty} S_n$$

■

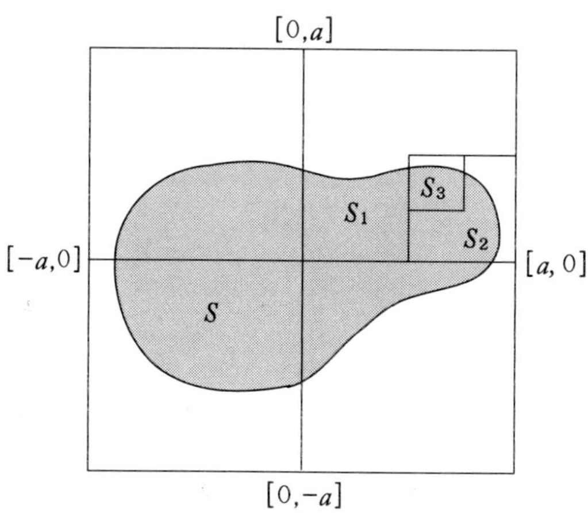

그림 2.6.

정리 2.3.4 (하이네-보렐 정리, Heine-Borel theorem) 복소평면 $\mathbb{C}$에서 유계인 닫힌 집합은 항상 옹골집합이다.

증명. $S \subset \mathbb{C}$가 유계인 닫힌 집합이라고 하자. $\{O_\alpha\}$가 S의 열린 덮개로 어떠한 유한 부분덮개도 S의 열린 덮개가 되는 않는다고 가정하자. S는 유계이므로 실수 a에 대하여 $S \subset S_0$를 만족시키는 정사각형 $S_0 = [-a, a] \times [-a, a]$가 존재한다. 이 때 x축과 y축은 집합 S_0을 같은 크기를 갖는 네 개의 부분 정사각형

$$S_{0,1}, S_{0,2}, S_{0,3}, S_{0,4}$$

으로 나눈다. 네 개 $S_{0,i}\,(i = 1, 2, 3, 4)$ 중에는 다음 조건을 만족시키는 하나의 정사각형 S_1이 반드시 존재한다:

$\{O_\alpha\}$의 어떠한 유한 부분덮개도 $S \cap S_1$의 열린 덮개가 될 수 없다.

집합 S_1을 크기가 같은 네 개의 정사각형 $S_{1,1}, S_{1,2}, S_{1,3}, S_{1,4}$로 나누면 위와 같은 이유에 의해 네 개 $S_{1,i}\,(i = 1, 2, 3, 4)$ 중에는 $\{O_\alpha\}$의 어떠한 유한 부분덮개도 $S \cap S_2$의 열린 덮개가 될 수 없는 집합 S_2가 존재한다.

이와 같은 과정을 계속하여 되풀이하면 다음 조건을 만족시키는 닫힌 정사각형 수열 $\{S_n\}$을 얻는다:

$\{O_\alpha\}$의 어떠한 유한 부분덮개도 $S \cap S_n$의 열린 덮개가 될 수 없다.

정사각형 S_n의 한 변의 길이는 $\dfrac{a}{2^{n-1}}$이다. 또, 도움정리 2.3.3,

$$\bigcap_{n=1}^{\infty} S_n = \{z_0\}$$

인 z_0이 존재하고, 특히, z_0은 집합 S의 집적점이다. S는 닫힌 집합이므로 $z_0 \in S$이다.

집합 $O_{\alpha_0} \in \{O_\alpha\}$가 $z_0 \in O_{\alpha_0}$인 집합이라고 하자. O_{α_0}이 열린 집합이므로 $B(z_0, \epsilon) \subset O_{\alpha_0}$인 양수 $\epsilon > 0$이 존재한다. 그러나 충분히 큰 자연수 n에 대하여 $S_n \subset B(z_0, \epsilon)$이므로 하나의 열린 집합 O_{α_0}은 $S \cap S_n$의 열린 덮개가 되므로 모순이다. ∎

정리 2.3.5 집합 S가 복소평면의 부분집합일 때, 다음은 서로 동치이다.

(1) **S는 유계이고 닫힌 집합이다.**

(2) **S는 옹골집합이다.**

(3) **S의 무한 부분집합은 S에서 집적점을 갖는다.**

(4) **S에 속하는 임의의 수열은 S에 속하는 점으로 수렴하는 부분수열을 갖는다.**

증명. (1) ⇒ (2). 하이네-보렐 정리(정리 2.3.4)에 의해 성립한다.

(2) ⇒ (3). A가 S의 무한 부분집합으로 S에서 집적점을 갖지 않는다고 가정하자. 그러면 임의의 $z \in S - A$에 대하여

$$B(z, \epsilon) \cap A = \emptyset$$

인 양수 $\epsilon > 0$이 존재한다. 더욱이 임의의 $a \in A$에 대하여

$$B(a, \delta) \cap (A - \{a\}) = \emptyset$$

인 양수 $\delta > 0$이 존재한다. 이때 다음 집합족을 생각하자.

$$\mathcal{O} = \{B(z, \epsilon), B(a, \delta) \mid z \in S - A, a \in A\}$$

$\mathcal{O}$는 집합 S의 열린 덮개이다. A는 무한집합이므로 $\mathcal{O}$의 어떠한 유한 부분덮개도 A의 덮개가 될 수 없다. 이것은 집합 S가 옹골집합이라는 것에 모순이다.

(3) $\Rightarrow$ (4). $\{z_n\}$이 S에 속하는 서로 다른 수로 이루어진 수열이라고 하자. 가정에 의해 $\{z_n\}$의 집적점 $z_0 \in S$이 존재한다. 정리 2.2.14에 의해 $z_{n_k} \to z_0$인 부분수열 $\{z_{n_k}\}$가 존재한다.

(4) $\Rightarrow$ (1). 집합 S가 유계가 아니라고 가정하면 각각의 자연수 n에 대하여 $|z_n| > n$인 수열 $z_n \in S$가 존재한다. $\{z_{n_k}\}$를 $\{z_n\}$의 부분수열이라고 하자. 임의의 점 $z \in S$를 택하여 고정하자. $n_k > |z| + 1$이라고 하면 $|z_{n_k}| > n_k > |z| + 1$이므로 $n_k > |z| + 1$인 모든 z_{n_k}에 대하여 $z_{n_k} \notin B(z, 1)$이다. 따라서 부분수열 $\{z_{n_k}\}$은 S의 어떤 점으로도 수렴하지 않는다.

집합 S가 닫힌 집합임을 보이기 위해 z_0이 S의 집적점이라고 하자.

주장: $z_0 \in S$이고 따라서 $S = \overline{S}$

정리 2.2.14에 의해 $z_n \to z_0$인 수열 $\{z_n\} \subset S$이 S에 존재한다. 정리 2.2.6에 의해 z_n의 임의의 부분수열 $\{z_{n_k}\}$도 $z_{n_k} \to z_0$이다. (4)로부터 $z_0 \in S$이므로 S는 닫힌 집합이다. ∎

연습문제

1. A가 유계 집합이면 A의 폐포(closure) $\overline{A}$는 옹골집합임을 보이시오.

2. S가 옹골집합이고 $z_0 \notin S$이면

$$\inf_{z \in S} |z - z_0| > 0$$

임을 보이시오.

3. $\{S_n\}$이 공집합이 아닌 옹골집합열이고 모든 자연수 n에 대하여 $S_{n+1} \subset S_n$이면

$$\bigcap_{n=1}^{\infty} S_n \neq \emptyset$$

임을 보이시오.

2.4 연속

복소평면의 부분집합에서 복소평면으로 사상되는 함수를 복소함수(complex function)라고 한다. 일반적으로 함수의 정의로부터 함숫값은 하나로만 정해져야 하는데 복소함수의 경우에는 필요에 의해서 여러 가지 값을 갖는 다가함수(multi-valued function)도 생각한다. 다가함수에 대응하여 엄밀한 의미의 함수를 단가함수(sinple-valued)라고 한다. 다가함수에 대한 이야기는 다음에 하기로 하고 이 절에서는 함숫값이 하나로만 정해지는 단가함수의 극한과 연속성에 대하여 알아보자.

정의 2.4.1 **복소평면의 부분집합** $A \subset \mathbb{C}$**의 각 점에 복소평면의 부분집합** $B \subset \mathbb{C}$**의 원소를 오직 하나씩만 대응시키는 대응관계** f**를 (단가) 함수 또는 사상이라 하고, 기호** $f : A \to B$**로 나타낸다. 이때 집합** A**를 함수** f**의 정의역이라 하고, 집합** $f(A) = \{ f(z) : z \in A \}$**를** f**의 치역이라고 한다. 부분집합** $C \subset B$**에 대하여 집합** $f^{-1}(C) = \{ z \in A : f(z) \in C \}$**를** f**의 역상(preimage)이라고 한다.**

정의 2.4.2 **복소함수** f**가 중심이** z_0**인 중심제거 근방** $\check{B}(z_0, r)$**에서 정의되었다고 하자. 복소수** a**가 존재하여**

> 「**임의의 양수** $\epsilon > 0$ **에 대하여 적당한** $\delta > 0$**이 존재하여**
> $z \in \check{B}(z_0, r)$**이고** $|z - z_0| < \delta$**이면** $|f(z) - a| < \epsilon$**이다.**」

를 만족시킬 때, $z \to z_0$**일 때** $f(z)$**의 극한이 존재한다. 또는** $f(z)$**가** a**에 수렴한다고 하고, 기호**

$$\lim_{z \to z_0} f(z) = a$$

로 나타낸다.

정리 2.4.3 **함수의 극한은 존재하면 유일하다.**

증명. $z \to z_0$일 때 함수 $f(z)$의 극한이

$$\lim_{z \to z_0} f(z) = a \quad \text{이고} \quad \lim_{z \to z_0} f(z) = b$$

라고 하자. 그러면 삼각부등식에 의해

$$\begin{aligned} |a-b| &= |a-f(z)+f(z)-b| \\ &\le |a-f(z)|+|f(z)-b| \to 0 \end{aligned}$$

$z \to z_0$이면 우변은 0으로 수렴하므로 $a = b$이다. ∎

정리 2.4.4 $\lim_{z\to z_o} f(z) = a$이고 $\lim_{z\to z_o} g(z) = b$이면

(1) $\lim_{z\to z_o}\big(f(z)+g(z)\big) = a+b$

(2) $\lim_{z\to z_o}\big(f(z)g(z)\big) = ab$

(3) $\displaystyle\lim_{z\to z_o} \frac{f(z)}{g(z)} = \frac{a}{b}$ (단, $b \neq 0$)

증명. (1) 삼각부등식에 의해

$$|f(z)+g(z)-(a+b)| \le |f(z)-a|+|g(z)-b|$$

(2) 삼각부등식에 의해

$$\begin{aligned} |f(z)g(z)-ab| &= |f(z)g(z)-ag(z)+ag(z)-ab| \\ &\le |f(z)-a||g(z)|+|a||g(z)-b| \end{aligned}$$

(3) 다음 식이 성립한다.

$$\begin{aligned} \left|\frac{f(z)}{g(z)}-\frac{a}{b}\right| &= \left|\frac{f(z)}{g(z)}-\frac{a}{g(z)}+\frac{a}{g(z)}-\frac{a}{b}\right| \\ &\le \frac{|f(z)-a|}{|g(z)|}+\frac{|a|}{|b|}\frac{|g(z)-b|}{|g(z)|} \end{aligned}$$

양수 $\epsilon = \frac{|b|}{2} > 0$에 대하여 가정에 의해

$$0 < |z-z_0| < \delta_1 \Rightarrow |g(z)-b| < \epsilon = \frac{|b|}{2}$$

를 만족시키는 양수 $\delta_1 > 0$이 존재한다. 따라서

$$\frac{|b|}{2} = |b| - \epsilon < |g(z)|$$

그러므로

$$\left|\frac{f(z)}{g(z)} - \frac{a}{b}\right| \le \frac{2}{|b|}|f(z) - a| + 2|a||g(z) - b| \to 0$$

∎

정의 2.4.5 함수 $f(z)$가 영역 D에서 정의되었다고 하자.[1] $z_0 \in D$에 대하여 함수 $f(z)$가 다음 명제를 만족시킬 때, $f(z)$가 z_0에서 연속이라고 한다:

「임의의 양수 $\epsilon > 0$ 에 대하여 적당한 $\delta = \delta(\epsilon, z_0) > 0$이 존재하여 $|z - z_0| < \delta$이면 $|f(z) - a| < \epsilon$이다.」

정리 2.4.6 함수 $f(z)$가 구역 R에서 정의되었을 때, $f(z)$가 점 $z_o \in R$에서 연속일 필요충분조건은 z_0으로 수렴하는 임의의 수열 $z_n \in R$에 대하여 수열 $f(z_n)$이 $f(z_0)$으로 수렴하는 것이다.

증명. ($\Leftarrow$) 함수 $f(z)$가 점 z_0에서 연속이 아니라고 가정하자. 그러면 양수 $\epsilon > 0$이 존재하여 각각의 양수 $\delta > 0$에 대하여 $|z_\delta - z_0| < \delta$이지만

$$|f(z_\delta) - f(z_0)| \ge \epsilon$$

인 점 $z_\delta \in R$가 존재한다. 따라서 $\delta = \frac{1}{n}$로 택하면 $z_n \in B(z_0, \frac{1}{n}) \cap R$이지만 $f(z_n) \notin B(f(z_0), \epsilon)$인 $z_n \in R$가 존재한다. 이때 $z_n \to z_0$이지만 $f(z_n) \nrightarrow f(z_0)$이므로 가정에 모순이다. 그러므로 함수 $f(z)$는 점 z_0에서 연속이다.

($\Rightarrow$) 수열 $\{z_n\} \subset R$가 $z_n \to z_0$이라고 하자. 함수 $f(z)$가 점 z_0에서 연속이므로, 임의의 양수 $\epsilon > 0$에 대하여

$$|z - z_0| < \delta \Rightarrow |f(z) - f(z_0)| < \epsilon$$

[1] 영역(domain)은 열린 집합인 동시에 연결집합임을 의미한다.

을 만족시키는 $\delta > 0$이 존재한다. $n \to \infty$일 때 $z_n \to z_0$이므로 $n \geq N$인 모든 자연수 n에 대하여 $|z_n - z_0| < \delta$인 자연수 $N \in \mathbb{N}$이 존재한다. 따라서 $n \geq N$인 모든 자연수 n에 대하여 $|f(z_n) - f(z_0)| < \epsilon$이므로 $f(z_n) \to f(z_0)$이다. ∎

복소함수 $f : A \to B$가 정의역의 각각의 점에서 연속일 때, 함수 $f(z)$는 집합 A에서 연속이라고 한다. 연속함수에 대하여 다음이 성립한다.

정리 2.4.7 함수 $f : A \to B$이 A에서 연속일 필요충분조건은 B의 임의의 열린 부분집합 $O \subset B$에 대하여 $f^{-1}(O)$이 A에서 열린 집합인 것이다.

증명. 연습문제 ∎

정리 2.4.7로부터 다음 정리가 성립한다는 것을 증명할 수 있다.

정리 2.4.8 연속함수에 대한 연결집합의 치역은 다시 연결집합이고, 연속함수에 대한 호연결집합의 치역도 다시 호연결집합이다.

증명. $f : A \to \mathbb{C}$이고 S가 A의 연결 부분집합이라고 하자. 치역 $f(S)$가 연결집합임을 보이면 된다. 결론을 부정하여 $f(S)$가 비연결 집합이라고 하면 다음 조건

$$f(S) \subset U \cup V, \quad f(S) \cap U \neq \emptyset, \quad f(S) \cap V \neq \emptyset.$$

을 만족시키는 공집합이 아닌 열린 집합 U, V가 존재한다. 함수 f가 연속함수이므로 역상 $f^{-1}(U), f^{-1}(V)$는 모두 A에서 열린 집합이고

$$S \subset f^{-1}(U) \cup f^{-1}(V), \quad S \cap f^{-1}(U) \neq \emptyset, \quad S \cap f^{-1}(V) \neq \emptyset$$

이다. 그러나 이것은 집합 S가 연결집합이라는 가정에 모순이다.

호연결 집합의 경우에도 비슷한 방법으로 증명할 수 있다. ∎

정리 2.4.9 연속함수에 대한 옹골집합의 치역은 다시 옹골집합이다.

증명. $f : A \to f(A)$이 연속함수이고 A가 옹골집합이라고 하자. $\{w_n\}$을 치역 $f(A)$에서의 수열이라고 하면 각각의 자연수 n에 대하여 $f(z_n) = w_n$을 만족시키는 $z_n \in A$가 존재한다. 집합 A가 옹골집합이므로 $\{z_n\}$은 수렴하는 부분수열을 갖는다. 즉, $\{z_n\}$의 부분수열 $\{z_{n_k}\}$가 존재하여 적당한 z_0에 대하여 $z_{n_k} \to z_0$이다. 더욱이 A가 옹골집합이므로 정리 2.3.5에 의해 $z_0 \in A$이다.

정리 2.4.6에 의해 $f(z_n) = w_n \to f(z_0) \in f(A)$이므로 정리 2.3.5에 의해 $f(A)$는 옹골집합이다. ∎

정리 2.4.10 함수 $f(z)$가 옹골집합 E에서 연속이면 $|f(z)|$는 집합 E에서 최댓값과 최솟값을 갖는다.

증명. $f : E \to \mathbb{C}$가 연속함수이고 E가 옹골집합이라고 한다. 절댓값 함수 $|f|$는 연속이므로 치역 $|f|(E)$도 옹골집합이다. 따라서 상한 $b = \sup |f|(E)$는 유한 값이다. $|f|(E)$가 닫힌 집합이므로 $b \in |f|(E)$이다. 즉, $|f(z_0)| = b$인 점 $z_0 \in E$가 존재한다.

또한, 하한 $l = \inf |f|(E)$, $l \in |f|(E)$가 존재하므로 $|f(z_1)| = l$인 점 $z_1 \in E$가 존재한다. ∎

정의 2.4.11 함수 $f : A \to \mathbb{C}$가 다음 조건을 만족시킬 때, 집합 A에서 평등연속 또는 균등연속(uniformly continuous)이라고 한다.

「임의의 양수 $\epsilon > 0$에 대하여 양수 $\delta = \delta(\epsilon) > 0$이 존재하여
$z_1, z_2 \in A$이고 $|z_1 - z_2| < \delta$이면 $|f(z_1) - f(z_2)| < \epsilon$이다.」

균등연속에서는 양수 δ가 정의역 A의 점에는 의존하지 않고 오로지 주어진 양수 ϵ에만 의존하도록 택해야 한다.

보기 2.4.1 함수 $f(z) = z$는 복소평면 $\mathbb{C}$에서 균등연속이다. 실제로 주어진 양수 ϵ에 대하여 $\delta = \epsilon$로 택하면 된다.

보기 2.4.2 함수 $f(z) = \frac{1}{z}$는 구역 $0 < |z| < 1$에서 연속이지만 균등연속은 아니다.

실제로, $\epsilon = 1$에 대하여 정의 2.4.11의 조건을 만족시키는 양수 $\delta, 0 < \delta < 1$이 존재한다. 그러나 함수 $f(z) = \frac{1}{z}$을 원점 근방에서 생각하면 $z_1 = \delta$와 $z_2 = \frac{\delta}{2}$에 대하여 $|z_1 - z_2| = \frac{\delta}{2}$이지만

$$|f(z_1) - f(z_2)| = \left|\frac{1}{\delta} - \frac{2}{\delta}\right| = \frac{1}{\delta} > 1 = \epsilon$$

그러므로 $f(z)$는 구역 $0 < |z| < 1$에서 균등연속이 아니다.

보기 2.4.3 함수 $f(z) = z^2$은 복소평면 $\mathbb{C}$에서 균등연속이 아니다.

실제로, $\epsilon = 1$이라 하고 임의의 양수 $\delta > 0$에 대하여 $z_1 = \frac{1}{\delta}$이고 $z_2 = \frac{1}{\delta} + \frac{\delta}{2}$라고 하자. 그러면 $|z_1 - z_2| = \frac{\delta}{2}$이고 $|z_1^2 - z_2^2| = 1 + \frac{\delta^2}{4} > 1 = \epsilon$이다.

함수 $f(z) = z^2$은 복소평면 $\mathbb{C}$의 임의의 유계인 구역이나 유계인 영역에서는 항상 균등연속이다.

정리 2.4.12 함수 $f(z)$가 옹골집합 A에서 연속이면 $f(z)$는 A에서 균등연속이다.

증명. $\epsilon > 0$을 임의의 양수라고 하자. 함수 f가 연속이므로 각 점 $z_\alpha \in A$에 대하여 $|z - z_\alpha| < \delta_\alpha$이면

$$|f(z) - f(z_\alpha)| < \frac{\epsilon}{2} \tag{2.5}$$

인 양수 $\delta_\alpha > 0$이 존재한다. 그러면

$$\bigcup_{z_\alpha \in A} B\left(z_\alpha, \frac{\delta_\alpha}{2}\right)$$

은 집합 A의 열린 덮개이다. A가 옹골집합이므로 유한개의 부분덮개가 존재한다. 따라서

$$A \subset \bigcup_{k=1}^{n} B\left(z_k, \frac{\delta_k}{2}\right) \tag{2.6}$$

를 만족시키는 $\delta_1, \delta_2, \cdots, \delta_n > 0$이 존재한다. 이때

$$\delta = \min\left\{\frac{\delta_1}{2}, \cdots, \frac{\delta_n}{2}\right\}$$

으로 놓으면 $f(z)$가 A에서 균등연속임을 보일 수 있다.

$w_1, w_2 \in A$이고 $|w_1 - w_2| < \delta$라고 하자. 식 (2.6)에 의해 $w_1 \in B(z_k, \frac{\delta_k}{2})$인 k가 존재하고 식 (2.5)로부터

$$|f(w_1) - f(z_k)| < \frac{\epsilon}{2} \tag{2.7}$$

또한,

$$\begin{aligned} |w_2 - z_k| &= |w_2 - w_1 + w_1 - z_k| \leq |w_2 - w_1| + |w_1 - z_k| \\ &< \delta + \frac{\delta_k}{2} \leq \frac{\delta_k}{2} + \frac{\delta_k}{2} = \delta_k \end{aligned}$$

이므로 $w_2 \in B(z_k, \delta_k) \cap A$이고

$$|f(w_2) - f(z_k)| < \frac{\epsilon}{2} \tag{2.8}$$

이다. 그러므로 식 (2.7)과 식 (2.8)에 의해

$$\begin{aligned} |f(w_1) - f(w_2)| &= |f(w_1) - f(z_k) + f(z_k) - f(w_2)| \\ &\leq |f(w_1) - f(z_k)| + |f(z_k) - f(w_2)| \\ &< \frac{\epsilon}{2} + \frac{\epsilon}{2} = \epsilon \end{aligned}$$

∎

연습문제

1. 다음 극한을 구하시오.

(1) $\lim_{z\to 3i} \frac{z^2+9}{z-3i}$ (2) $\lim_{z\to 2i} \frac{\bar{z}+z^2}{1-\bar{z}}$

(3) $\lim_{z\to \infty} \frac{z+1}{z^2}$ (4) $\lim_{z\to \infty} \frac{z^2+10z+2}{2z^2-11z-6}$

2. 다음 함수의 연속성과 균등연속에 대하여 알아보시오.

(1) $f(z) = z^2, \quad |z| < 5$ (2) $f(z) = \frac{1}{z}, \quad |z| \geq 1$

(3) $f(z) = \frac{1}{1-z}, \quad |z| < 1$

3. 함수 $f(z)$가 구역 R에서 연속일 필요충분조건은 $\mathrm{Re} f(z)$와 $\mathrm{Im} f(z)$가 R에서 연속인 것임을 보이시오.

4. 함수 $f(z)$가 복소평면 $\mathbb{C}$에서 연속이고 집합 A를 $A = \{z \in \mathbb{C} : f(z) = 0\}$라고 하자. 그러면 A는 닫힌 집합임을 보이시오.

5. 함수 $f(z)$가 복소평면 $\mathbb{C}$에서 연속일 필요충분조건은 임의의 열린 부분집합 $O \subset \mathbb{C}$에 대하여 역상 $f^{-1}(O)$이 열린 집합인 것임을 보이시오.

제 3 장

복소함수

3.1 복소 지수함수

사인함수 $\sin x$와 코사인함수 $\cos x$의 테일러 급수는 다음과 같이 주어진다.

$$\text{(3.1)} \qquad \sin x = x - \frac{x^3}{3!} + \frac{x^5}{5!} - \cdots + \frac{(-1)^n}{(2n+1)!}x^{2n+1} + \cdots$$

$$\text{(3.2)} \qquad \cos x = 1 - \frac{x^2}{2!} + \frac{x^4}{4!} - \cdots + \frac{(-1)^n}{(2n)!}x^{2n} + \cdots$$

또한 지수함수 e^x의 테일러 급수는

$$\text{(3.3)} \qquad e^x = 1 + x + \frac{x^2}{2!} + \frac{x^3}{3!} + \cdots + \frac{x^n}{n!} + \cdots$$

이다. 세 식 (3.1), (3.2), (3.3)을 살펴보면 복소 지수함수 e^{iy}을 다음과 같이 정의하는 것이 타당하다.

$$\begin{aligned} e^{iy} &= 1 + iy + \frac{(iy)^2}{2!} + \frac{(iy)^3}{3!} + \frac{(iy)^4}{4!} + \frac{(iy)^5}{5!} + \cdots \\ &= \left(1 - \frac{y^2}{2!} + \frac{y^4}{4!} - \cdots\right) + i\left(y - \frac{y^3}{3!} + \frac{y^5}{5!} - \cdots\right) \\ &= \cos y + i \sin y \end{aligned}$$

정의 3.1.1 $z = x + iy$**일 때,** e^z**을**

$$e^z = e^{x+iy} = e^x \cdot e^{iy} = e^x(\cos y + i \sin y)$$

로 정의하고, 이를 **복소 지수함수**(complex exponential)라고 한다.

정리 3.1.2 복소 지수함수 e^z에 대하여 다음이 성립한다.

(1) $e^{z+w} = e^z e^w \quad (z, w \in \mathbb{C})$

(2) $e^z \neq 0$

(3) $|e^{x+iy}| = e^x$

(4) $e^{\pi i/2} = i,\ e^{\pi i} = -1,\ e^{3\pi i/2} = -i,\ e^{2\pi i} = 1$

(5) e^z은 주기가 $2\pi i$인 주기함수이다. 특히 함수

$$f : \mathbb{C} \to \mathbb{C}, \quad f(z) = e^z$$

는 단사(1-1)함수가 아니다.

(6) $e^z = 1$일 필요충분조건은 적당한 정수 n에 대하여 $z = 2n\pi i$인 것이다.

증명. (1) $z = x + iy$, $w = u + iv$로 놓으면

$$\begin{aligned}
e^{z+w} &= e^{x+u+i(y+v)} = e^{x+u} \cdot e^{i(y+v)} \\
&= e^{x+u}\{\cos(y+v) + i\sin(y+v)\} \\
&= e^{x+u}\{\cos y \cos v - \sin y \sin v + i \sin y \cos v + i \cos y \sin v\} \\
&= e^x \cdot e^u\{(\cos y + i\sin y)\cos v + i(\cos y + i \sin y)\sin v\} \\
&= e^x e^u(\cos v + i\sin v)(\cos y + i\sin y) \\
&= e^{x+iy} \cdot e^{u+iv} = e^z \cdot e^w
\end{aligned}$$

(2), (3) 임의의 복소수 $z = x + iy \in \mathbb{C}$에 대하여 $|e^z| = e^x \neq 0$이고, 따라서 $e^z \neq 0$이다.

(4) 복소 지수함수의 정의로부터

$$e^{\frac{\pi}{2}i} = \cos\frac{\pi}{2} + i\sin\frac{\pi}{2} = i, \quad e^{\pi i} = \cos\pi + i\sin\pi = -1$$

이 성립한다. 나머지도 같은 이유에 의해 성립한다.

(5) 정의와 사인함수 및 코사인함수의 주기 성질로부터

$$e^{z+2\pi i} = e^z e^{2\pi i} = e^z(\cos 2\pi + i\sin 2\pi) = e^z$$

역으로 모든 복소수 $z \in \mathbb{C}$에 대하여 $e^{z+w} = e^z$이라고 하자. $z = 0$로 놓으면 $e^w = 1$이다. 이때 $w = u + iv$로 놓으면 $e^w = e^u(\cos v + i\sin v) = 1$이므로

$$\begin{cases} e^u \cos v = 1 \\ e^u \sin v = 0 \end{cases} \tag{3.4}$$

이다. 연립방정식 (3.4)를 풀면

$$e^u = 1, \quad v = 2n\pi$$

즉, $u = 0,\ v = 2n\pi$이다. 그러므로

$$w = 0 + 2n\pi i = 2n\pi i$$

(6) $e^z = 1 \quad \Leftrightarrow \quad z = 2n\pi i$ ∎

참고 3.1.3 복소수의 극형식을 지수 형태로 나타내면 다음과 같다.

$$z = |z|e^{i(\text{arg z})}$$

이를 간단히 $z = re^{i\theta}$로 나타내기도 한다. 실제로, $z = x + iy \in \mathbb{C}$를 극형식으로 나타내면

$$x = r\cos\theta, \ \ y = r\sin\theta$$

이다. 여기서

$$r = |z|, \ \ \theta = \arg(z)$$

이다. 따라서

$$\begin{aligned} z &= x + iy = r(\cos\theta + i\sin\theta) = re^{i\theta} \\ &= |z|e^{i(\arg z)} \end{aligned}$$

복소 지수함수의 성질

정리 3.1.4 집합 A를 $A = \{ z \in \mathbb{C} : -\pi < \operatorname{Im}(z) \leq \pi \}$라고 하면 복소 지수함수 $e^z : A \to \mathbb{C} - \{0\}$은 일대일대응(1-1 onto)이다. 더욱이, 다음이 성립한다.

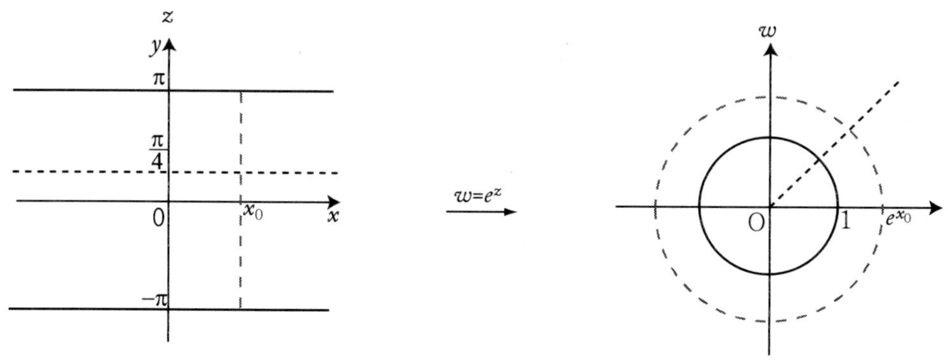

그림 3.1.

(1) 고정된 실수 x_0에 대하여 선분 $z(t) = x_0 + it,\ -\pi < t \leq \pi$는 복소 지수함수 e^z에 의해 중심이 원점이고 반지름의 길이가 e^{x_0}인 원으로 사상된다. 특히, $x_0 = 0$이면 $z(t)$는 단위원으로 사상된다.

(2) 직선 $l : x + \dfrac{\pi}{4}i, x \in \mathbb{R}$는 복소 지수함수 e^z에 의해 원점에서 방사되고 편각이 $\frac{\pi}{4}$인 반직선으로 사상된다.

증명. 두 복소수 $z = x + iy, w = u + iv \in A$에 대하여 $e^z = e^w$이라고 하면

$$\begin{aligned} 1 &= e^0 = e^w \cdot e^{-w} = e^z \cdot e^{-w} \\ &= e^{z-w} = e^{(x-u)+i(y-v)} \end{aligned}$$

따라서

$$x - u = 0, \quad y - v = 2n\pi, \quad n \in \mathbb{Z}$$

$$\therefore\ x = u, \quad y - v = 2n\pi$$

$z, w \in A$이므로 $-\pi < \operatorname{Im}(z) = y$, $\operatorname{Im}(w) = v \leq \pi$이다. 따라서

$$-2\pi < y - v < 2\pi \quad 즉, \quad |y - v| < 2\pi$$

그러므로 $n = 0$이고 $y - v = 0$이다.

$$\therefore\ z = w$$

e^z가 전사사상임을 보이자. $w \in \mathbb{C} - \{0\}$일 때, $e^z = w$를 만족시키는 $z \in A$를 구하면 된다. $z = x + iy \in A,\ -\pi < y \leq \pi$이고 $w = a + ib, a \neq 0$ 또는 $b \neq 0$이라고 하자.

$$e^z = w \quad \Leftrightarrow \quad e^x(\cos y + i \sin y) = a + ib$$

$$\Leftrightarrow \quad \begin{cases} e^x \cos y = a \\ e^x \sin y = b \end{cases} \tag{3.5}$$

식 (3.5)의 각 항을 제곱하여 더하면 $e^{2x} = a^2 + b^2 = |w|^2$이므로

$$\therefore\ e^x = |w|, \quad 즉, \quad x = \ln|w| \tag{3.6}$$

식 (3.6)을 식 (3.5)에 대입하면

$$|w| \cos y = a, \quad |w| \sin y = b$$

따라서

$$e^{iy} = \cos y + i \sin y = \frac{1}{|w|}(a + ib) = \frac{w}{|w|}$$

그러므로

$$y = \arg\left(\frac{w}{|w|}\right) + 2n\pi \quad (n \in \mathbb{Z})$$

$-\pi < y \leq \pi$이므로 $y = \mathrm{Arg}\left(\frac{w}{|w|}\right)$이고

$$z = x + iy = \ln|w| + i\mathrm{Arg}\left(\frac{w}{|w|}\right)$$

이다.

(1) x_0이 고정되어 있으면

$$e^{z(t)} = e^{x_0 + it} = e^{x_0}(\cos t + i \sin t)$$

$\cos t + i \sin t$는 중심이 원점인 단위원에 대한 매개방정식이므로 정리가 성립한다.

(2) 정의에 의해

$$e^{x+\frac{\pi}{4}i} = e^x\left(\cos\frac{\pi}{4} + i\sin\frac{\pi}{4}\right)$$

의 편각은 $\frac{\pi}{4}$이다.

∎

3.2 복소 삼각함수

복소 지수함수의 정의로부터 $e^{iy} = \cos y + i\sin y$이고 $e^{-iy} = \cos y - i\sin y$이므로 다음이 성립한다.

$$\sin y = \frac{e^{iy} - e^{-iy}}{2i} \quad \text{and} \quad \cos y = \frac{e^{iy} + e^{-iy}}{2}$$

더욱이 모든 복소수 $z \in \mathbb{C}$에 대하여 e^{iz}이 정의되므로 복소 사인함수와 복소 코사인함수를 다음과 같이 정의할 수 있다.

정의 3.2.1 복소수 z에 대하여 사인함수 $\sin z$와 코사인함수 $\cos z$는 다음과 같이 정의된다.

$$\sin z = \frac{e^{iz} - e^{-iz}}{2i}, \qquad \cos z = \frac{e^{iz} + e^{-iz}}{2}$$

복소 지수함수 e^z는 주기가 $2\pi i$인 주기함수이므로 사인함수 $\sin z$와 코사인함수 $\cos z$는 주기가 2π인 주기함수이다. 더욱이

$$\sin(-z) = -\sin z, \qquad \cos(-z) = \cos z$$

이 성립한다.

정리 3.2.2 $\sin z$와 $\cos z$는 다음 항등식을 만족시킨다.

(1) $\sin^2 z + \cos^2 z = 1$

(2) $\sin(z + w) = \sin z \cos w + \cos z \sin w,$

$\cos(z + w) = \cos z \cos w - \sin z \sin w$

증명. (1) 정의에 의해

$$\begin{aligned} \sin^2 z + \cos^2 z &= \left(\frac{e^{iz} - e^{-iz}}{2i}\right)^2 + \left(\frac{e^{iz} + e^{-iz}}{2}\right)^2 \\ &= \frac{e^{2iz} - 2 + e^{-2iz}}{-4} + \frac{e^{2iz} + 2 + e^{-2iz}}{4} \\ &= 1 \end{aligned}$$

(2) 정의로부터

$$
\begin{aligned}
&\sin z\cos w + \cos z\sin w \\
&= \frac{e^{iz}-e^{-iz}}{2i}\cdot\frac{e^{iw}+e^{-iw}}{2} + \frac{e^{iz}+e^{-iz}}{2}\cdot\frac{e^{iw}-e^{-iw}}{2i} \\
&= \frac{1}{4i}\left(e^{i(z+w)}+e^{i(z-w)}-e^{-i(z-w)}-e^{-i(z+w)}\right) \\
&\qquad +\frac{1}{4i}\left(e^{i(z+w)}-e^{i(z-w)}+e^{-i(z-w)}-e^{-i(z+w)}\right) \\
&= \frac{e^{i(z+w)}-e^{-i(z+w)}}{2i} = \sin(z+w)
\end{aligned}
$$

같은 방법으로 두 번째 항등식

$$\cos(z+w) = \cos z\cos w - \sin z\sin w$$

이 성립함을 보일 수 있다. ∎

정리 3.2.3 사인함수 $\sin z$와 코사인함수 $\cos z$는 유계가 <u>아니다</u>.

증명. 복소수 $z = x + iy$에 대하여

$$
\begin{aligned}
|\sin z| &= \left|\frac{e^{iz}-e^{-iz}}{2i}\right| \\
&\geq \frac{|e^{-iz}|-|e^{iz}|}{2} = \frac{e^{y}-e^{-y}}{2}
\end{aligned}
$$

따라서 $y \to \infty$이면 $|\sin z| \to \infty$이다.

또한,

$$
\begin{aligned}
|\cos z| &= \left|\frac{e^{iz}+e^{-iz}}{2}\right| \\
&\geq \frac{|e^{-iz}|-|e^{iz}|}{2} = \frac{e^{y}-e^{-y}}{2}
\end{aligned}
$$

이므로 $y \to \infty$이면 $|\cos z| \to \infty$이다. ∎

사인함수 $\sin z$와 코사인함수 $\cos z$를 이용하여 탄젠트함수 $\tan z$를 다음과 같이 정의한다.

정의 3.2.4 $\cos z \neq 0$일 때, $\tan z$는 다음과 같이 정의한다.

$$\tan z = \frac{\sin z}{\cos z}$$

$\sin z \neq 0$일 때, 나머지 다른 삼각함수 $\cot z$, $\sec z$, $\csc z$도 다음과 같이 정의한다.

$$\cot z = \frac{\cos z}{\sin z}, \quad \sec z = \frac{1}{\cos z}, \quad \csc z = \frac{1}{\sin z}$$

보기 3.2.1 다음 식이 성립함을 보이시오.

$$\sin\left(z + \frac{\pi}{2}\right) = \cos z$$

풀이. 정의로부터

$$\begin{aligned} \sin\left(z + \frac{\pi}{2}\right) &= \frac{e^{i(z+\pi/2)} - e^{-i(z+\pi/2)}}{2i} \\ &= \frac{e^{iz}e^{i\pi/2} - e^{-iz}e^{-i\pi/2}}{2i} \\ &= \frac{ie^{iz} - (-i)e^{-iz}}{2i} \\ &= \frac{e^{iz} + e^{-iz}}{2} = \cos z \end{aligned}$$

∎

보기 3.2.2 $\sin 2z = 2 \sin z \cos z$임을 보이시오.

풀이. 정의로부터

$$\begin{aligned} 2 \sin z \cos z &= 2\left(\frac{e^{iz} - e^{-iz}}{2i}\right)\left(\frac{e^{iz} + e^{-iz}}{2}\right) \\ &= 2\left(\frac{e^{2iz} - e^{-2iz}}{4i}\right) = \left(\frac{e^{2iz} - e^{-2iz}}{2i}\right) \\ &= \sin 2z \end{aligned}$$

∎

다음 도움정리에 의하면 복소 코사인함수는 선분을 타원으로 사상시킨다.

도움정리 3.2.5 코사인함수 $f(z) = \cos z$**는 선분** $0 < x \leq \pi$, $y_0 > 0$ **(상수)를 타원으로 사상시킨다.**

증명. 정리 3.2.2의 (ii)에 의해

$$\begin{aligned}\cos z &= \cos(x+iy) = \cos x \cos iy - \sin x \sin iy \\ &= \cos x \cosh y - i \sin x \sinh y\end{aligned}$$

여기서 쌍곡함수는

$$\sinh y = \frac{e^y - e^{-y}}{2}, \quad \cosh y = \frac{e^y + e^{-y}}{2}$$

이다. $y = y_0$이 상수일 때,

$$\cos z = u + iv$$

로 놓으면

$$u = \cos x \cosh y_0, \quad v = -\sin x \sinh y_0$$

따라서

$$\frac{u^2}{\cosh^2 y_0} + \frac{v^2}{\sinh^2 y_0} = \cos^2 x + \sin^2 x = 1$$

이것은 타원을 나타낸다. ∎

끝으로, **쌍곡 사인함수** $\sinh z$와 **쌍곡 코사인함수** $\cosh z$는 다음과 같이 정의한다:

$$\sinh z = \frac{e^z - e^{-z}}{2}, \quad \cosh z = \frac{e^z + e^{-z}}{2}$$

정의 3.2.1로부터 다음 항등식이 성립한다.

$$\sinh z = -i \sin iz, \quad \cosh z = \cos iz$$

특히, $\sinh z$와 $\cosh z$는 주기가 $2\pi i$인 주기함수이다.

3.3 복소 로그함수

실수에서는 보통 로그함수를 지수함수의 역함수로 정의한다. 복소수에서도 같은 맥락에서 지수함수의 역함수로 정의하고 싶지만 복소 지수함수 e^z의 경우에는 주기함수이므로 역함수가 존재하지 않는다. 더욱이 복소 지수함수는 모든 점에서 0이 아니다. 따라서 복소 로그함수는 원점 $z=0$에서 정의할 수 없다. 다음 정리는 복소 지수함수를 이용하여 복소 로그함수를 정의할 수 있는 방법을 제공한다.

정리 3.3.1 **실수** $y_0 \in \mathbb{R}$**에 대하여 집합** A_{y_0}**을**

$$A_{y_0} = \{\, x + iy \mid x \in \mathbb{R},\ \ y_0 \le y < y_0 + 2\pi \,\}$$

라고 하자. 그러면 e^z**는 구역** A_{y_0}**을** $\mathbb{C} \setminus \{\, 0 \,\}$**으로 사상시키는 단사사상이다..**

증명. 정리 3.1.4의 증명과 같다. ∎

정의 3.3.2 **함수** $\log : \mathbb{C} \setminus \{0\} \to \mathbb{C}$**를 다음과 같이 정의한다.**

$$\log z = \log |z| + i \arg z$$

여기서 편각 $\arg z$**는 구간** $[y_0, y_0 + 2\pi)$**의 값이고** $\log |z|$**는 양수** $|z|$**에 대한 (실)로그함수를 나타낸다.** $\log z$**를 복소 로그함수라고 한다.**

참고 3.3.3 만일 $\log z$의 허수부분에 대한 값을 $y_0 \le \mathrm{Im}(\log z) < y_0 + 2\pi$로 제한하지 않으면 복소 로그함수 $\log z$는 다가(多價, multiple-valued) 함수가 된다. 이때 편각에 대한 구간을 $[y_0, y_0 + 2\pi)$로 고정함으로써 $\log z$는 단가(單價, single-valued) 함수가 된다. 이와 같이 편각에 대한 구간을 선택하는 것을 $\log z$의 **분지**(分枝, branch)라고 한다. 다시 말해서 $\log z$의 분지는 복소 로그함수 $\log z$가 모든 복소수 z에 대하여 항등식 $e^{\log z} = z$을 만족시키는 단가 함수가 되는 구간을 말한다.

정리 3.3.4 **로그함수** $\log z$**는 다음과 같은 의미로 지수함수** e^z**의 역함수이다:**

(i) $\log z$의 임의의 분지에 대하여 $e^{\log z} = z$이다.

(ii) 또한, 분지를 구간 $y_o \leq y < y_o + 2\pi$으로 택하면 임의의 복소수 $z = x + iy$, $y_0 \leq y < y_0 + 2\pi$에 대하여 $\log(e^z) = z$이다.

증명. 우선 $e^{\log z} = z$임을 보이자. 정의에 의해

$$\log z = \log|z| + i\arg(z)$$

따라서 극형식으로 나타내면

$$e^{\log z} = e^{\log|z| + i\arg(z)} = |z|e^{i\arg(z)} = z$$

다음에, 복소수 $z = x + iy$, $y_0 \leq y < 2\pi + y_0$에 대하여

$$\log e^z = \log|e^z| + i\arg(e^z)$$

$|e^z| = |e^{x+iy}| = e^x$이므로

$$\log|e^z| = \log e^x = x$$

또한,

$$\arg e^z = \arg e^{x+iy} = \arg(e^x(\cos y + i\sin y)) = y$$

이므로

$$\log e^z = \log|e^z| + i\arg e^z = x + iy = z$$

■

정리 3.3.5 $z_1, z_2 \in \mathbb{C} \setminus \{0\}$이면

$$\log(z_1 z_2) = \log z_1 + \log z_2$$

여기서 편각은 $2\pi i$의 정수배이다.

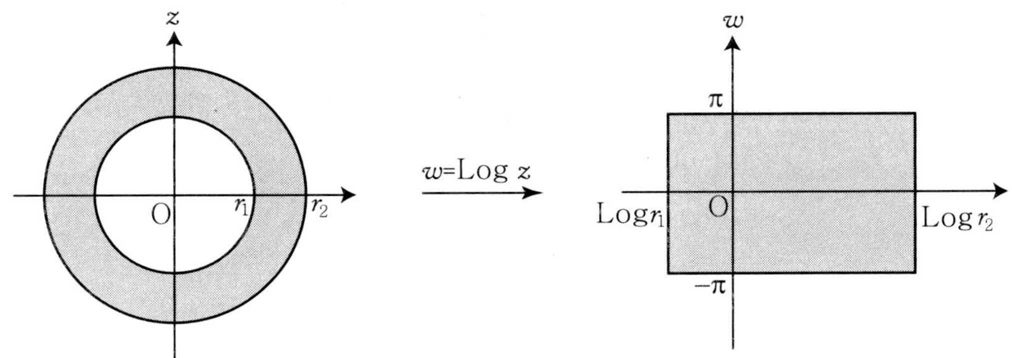

그림 3.2.

증명. 정의 3.3.2와 정리 1.4.1에 의해

$$\begin{aligned} \log(z_1 z_2) &= \log|z_1 z_2| + i\arg(z_1 z_2) \\ &= \log|z_1| + \log|z_2| + i(\arg(z_1) + \arg(z_2)) \\ &= \log z_1 + \log z_2 \end{aligned}$$

∎

3.4 거듭제곱함수, 다항함수, 제곱근함수

복소수 $a, b \in \mathbb{C}$, $a \neq 0$에 대하여 거듭제곱 a^b은 복소 지수함수 e^z를 이용하여 정의할 수 있다. 정리 3.3.4에 의해

$$a = e^{\log a}$$

이다. b가 정수이면

$$a^b = (e^{\log a})^b = e^{b \log a}$$

이 성립한다. 실제로, n이 정수이고 z이 복소수이면 정리 3.1.2에 의해

$$(e^z)^n = \overbrace{e^z \cdots e^z}^{n-\text{번}} = e^{nz}$$

이다.

정의 3.4.1 **두 복소수** $a, b, a \neq 0$**에 대하여 거듭제곱** a^b**은 다음과 같이 정의한다.**

$$a^b = e^{b \log a}$$

여기서 우변의 값은 로그함수의 적당한 분지(branch)를 택한 후에 결정되는 값이다.

복소 거듭제곱은 실수의 거듭제곱하고는 약간 다르고 복잡하며 미묘한 성질을 갖고 있다. 로그함수 $\log z$가 다가 함수이므로 다른 분지를 택하면 거듭제곱 a^b의 값은 다른 값으로 결정될 수 있다. 이러한 사실은 앞에서 공부한 복소수의 제곱근을 살펴보면 타당한 것임을 알 수 있다. 실제로, $b = 1/q$이고 q가 정수이면 드므와브르의 공식에 의해 a^b는 a의 q-제곱근 중의 하나이고 a^b는 q개의 서로 다른 값을 가질 수 있다.

다음 정리는 이러한 성질을 명확하게 해준다.

정리 3.4.2 $a, b \in \mathbb{C}, a \neq 0$**이라고 하자.**

(1) a^b이 단가일 (즉, $\log z$의 분지의 선택에 무관할) 필요충분조건은 b가 정수인 것이다.

(2) b가 정수가 아닌 유리수로 $b = \frac{q}{p}$ (단, p와 q는 서로소)이면 a^b은 p개의 서로 다른 값을 갖는다.

(3) b가 무리수이거나 또는 허수부분이 0이 아닌 복소수이면 a^b는 무수히 많은 값을 갖는다.

증명. 편각에 대해 어떤 구간, 예를 들어, $[0, 2\pi)$를 택하고 $\log z$는 이 구간을 분지로 갖는 로그함수라고 하자. 로그함수에 대한 다른 분지를 택하면 $\log a$ 대신에 적당한 정수 n에 대하여 $\log a + 2n\pi i$를 얻는다. 따라서

$$a^b = e^{b(\log a + 2\pi ni)} = e^{b\log a} \cdot e^{2n\pi bi} \tag{3.7}$$

여기서 n은 로그함수의 분지에 의해 결정된다.

(1) e^z은 주기가 $2\pi i$인 주기함수이므로 식 (3.7)에 의해

$$\begin{aligned} a^b \text{ 단가 함수} \quad &\Leftrightarrow \quad \text{적당한 정수 } n\text{에 대하여 } e^{2\pi nbi} = 1 \\ &\Leftrightarrow \quad b \in \mathbb{Z} \end{aligned}$$

(2) $b = \frac{q}{p}$이면 식 (3.7)로부터 $e^{2\pi n \frac{q}{p} i}$은 서로 다른 p개의 값을 가질 필요충분조건은 p와 q가 서로소인 것이다.

(3) b가 무리수이고 a^b은 유한개의 값을 갖는다고 가정하자. 식 (3.7)로부터

$$e^{2\pi nbi} = e^{2\pi mbi}$$

을 만족시키는 <u>서로 다른</u> 정수 m, n이 존재한다. 따라서 $e^{2\pi(n-m)bi} = 1$이므로 $b(n-m) = 0$이다. b가 무리수이므로 $n - m = 0$이다. 이는 $m \neq n$에 모순이다. 그러므로 b가 무리수이면 a^b는 무수히 많은 값을 갖는다.

∎

제곱근 함수

$z \neq 0$일 때 자연수 n에 대하여 $\sqrt[n]{z}$은 서로 다른 n개의 값을 갖는다. 따라서 제곱근 함수 $\sqrt[n]{z}$이 단가 함수가 되기 위해서는 위에서와 같이 로그함수 $\log z$의 분지를 선행적으로 택해야만 한다.

정의 3.4.3 n-**제곱근 함수** $\sqrt[n]{z}$**는 로그함수** $\log z$**의 분지에 대하여 다음과 같이 정의한다.**

$$\sqrt[n]{z} = z^{\frac{1}{n}} = e^{(\log z)/n}$$

또 $\log z$**의 분지에 대해** $\sqrt[n]{z} = e^{(\log z)/n}$**를** n-**제곱근 함수의 분지라고 한다.**

정리 3.4.4 $z = re^{i\theta}$**이면**

$$\sqrt[n]{z} = \sqrt[n]{r}e^{i\theta/n}$$

여기서 θ**는 분지에 속하는 값이다.**

증명. 정의에 의해

$$\sqrt[n]{z} = e^{(\log z)/n}$$

로그함수의 정의로부터 $\log z = \log r + i\theta$이므로

$$e^{(\log z)/n} = e^{(\log r)/n} \cdot e^{i\theta/n} = \sqrt[n]{r}e^{i\theta/n}$$

∎

다항함수 z^n과 제곱근 함수 $\sqrt[n]{z}$을 이해하기 위해서 함수의 성질을 기하학적으로 알아보자. $n = 2$일 때 z^2는 길이가 $|z|^2$이고 편각은 $2\arg z$이다. 따라서 사상 $z \to z^2$은 길이를 제곱하고 편각을 두 배로 한다.

따라서 제곱함수 z^2은 제1사분면을 상반평면(upper half plane) 전체로 사상시킨다. 또 상반평면은 복소평면 전체로 사상시킨다.

제곱근 함수

$$\sqrt{z} = \sqrt{r}e^{i\theta/2}$$

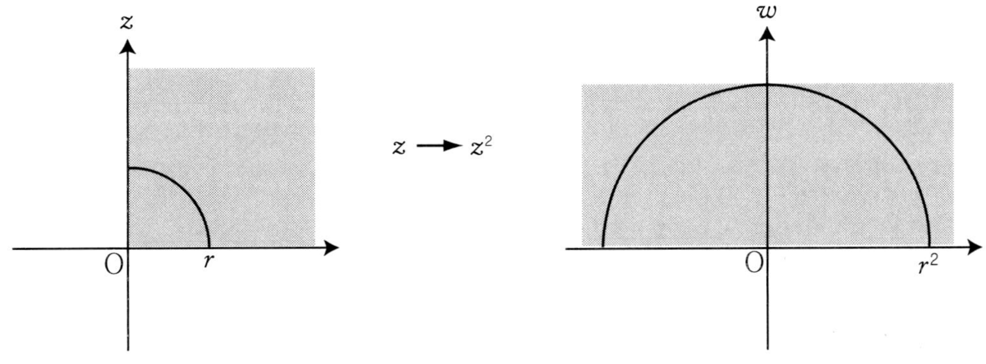

그림 3.3.

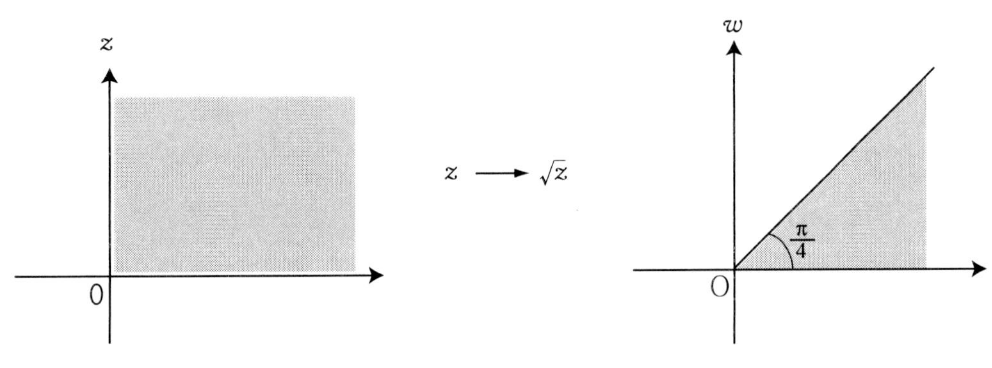

그림 3.4.

을 생각하고 분지를 $[0, 2\pi)$라고 하자. 그러면 $0 \le \theta/2 < \pi$이므로 $\sqrt{z}$는 항상 상반평면에 놓여 있고 편각은 반으로 줄어든다.

연습문제

1. 복소수 e^{e^z}의 실수부분과 허수부분을 구하시오.

2. 다음 복소수의 모든 값을 구하시오.

(1) $\log 1$ (2) $\log i$

(3) $\log(-i)$ (4) $\log(1+i)$

3. 복소수 i^i의 모든 값을 구하시오.

4. 다음 복소수의 모든 값을 구하시오.

(1) $(-i)^i$ (2) $(1+i)^{1+i}$

(3) $(-1)^i$ (4) 2^i

5. 항등식 $\sin(iy) = i\sinh y$이 성립함을 보이시오. 여기서

$$\sinh y = \frac{e^y - e^{-y}}{2}$$

6. $z = z + iy$일 때, 다음이 성립함을 보이시오.

$$\sin z = \sin z \cosh y + i\cos x \sinh y$$

7. $z = x + iy$일 때

$$|\sinh y| \le |\sin z| \le |\cosh y|$$

가 성립함을 보이시오.

8. 복소수 e^{2+i}, $\sin(1+i)$, $\cos(2+3i)$의 값을 계산하시오.

9. 방정식 $\cos z = \frac{1}{2}$의 해를 구하시오.

10. 다음 항등식이 성립함을 보이시오.

$$z = \tan\left[\frac{1}{i}\log\left(\frac{1+iz}{1-iz}\right)^{\frac{1}{2}}\right]$$

11. 사인함수 $z \to \sin z$는 실축과 평행한 직선을 타원으로 사상시키고, 허축과 평행한 직선을 쌍곡선으로 사상시킴을 보이시오.

12. $z = x + iy$일 때, 다음을 간단히 하시오.

$$e^{z^2};\ e^{iz};\ e^{\frac{1}{z}}\ \ (z \neq 0)$$

13. $|z| \leq 1$일 때, $|e^{z^2}|$의 최솟값을 구하시오.

14. 극좌표를 이용하여 사상 $z \to z + \dfrac{1}{z}$에 의해 단위원 $|z| = 1$은 x축 위의 구간 $[-2, 2]$로 사상됨을 보이시오.

15. (1) 사상 $z \to z^2$은 실축과 평행한 직선을 포물선으로 사상시킴을 보이시오.

(2) 사상 $z \to \sqrt{z}$는 실축과 평행한 직선을 쌍곡선으로 사상시킴을 보이시오.

제 4 장

해석함수

4.1 코시-리만 방정식

정의 4.1.1 $A \subset \mathbb{C}$가 열린 집합이고 $f : A \to \mathbb{C}$는 복소함수라고 하자. 점 $z_0 \in A$에서 극한

$$\lim_{z \to z_0} \frac{f(z) - f(z_0)}{z - z_0}$$

이 존재할 때 f는 점 z_0에서 **미분가능하다**(differentiable)고 하고, 기호 $f'(z_0)$ 또는 $\dfrac{df}{dz}(z_0)$로 나타낸다. $f'(z_0)$을 점 z_0에서 함수 f의 **미분계수**(derivative at z_0)라고 한다.

함수 $f : A \to \mathbb{C}$가 정의역 A에 속하는 모든 점에서 미분가능할 때, f는 집합 A에서 미분가능하다고 한다.

보기 4.1.1 제곱함수 $f(z) = z^2$는 복소평면 $\mathbb{C}$의 모든 점에서 미분가능하고 $f'(z) = 2z$이다.

풀이. z_0을 복소평면 $\mathbb{C}$의 임의의 점이라고 하면

$$\begin{aligned}\lim_{z\to z_0}\frac{f(z)-f(z_0)}{z-z_0} &= \lim_{z\to z_0}\frac{z^2-z_0^2}{z-z_0}\\ &= \lim_{z\to z_0}(z+z_0)\\ &= 2z_0\end{aligned}$$

∎

정리 4.1.2 함수 f가 점 z_0에서 미분가능하면 f는 점 z_0에서 연속이다.

증명. 정의로부터 극한 $\lim_{z\to z_0} f(z) = f(z_0)$이 성립함을 보이면 된다. 가정에 의해

$$\lim_{z\to z_0}\frac{f(z)-f(z_0)}{z-z_0} = f'(z_0)$$

이므로

$$\begin{aligned}\lim_{z\to z_0}(f(z)-f(z_0)) &= \lim_{z\to z_0}\frac{f(z)-f(z_0)}{z-z_0}\cdot(z-z_0)\\ &= \left(\lim_{z\to z_0}\frac{f(z)-f(z_0)}{z-z_0}\right)\left(\lim_{z\to z_0}(z-z_0)\right)\\ &= f'(z_0)\cdot 0 = 0\end{aligned}$$

∎

복소함수의 미분에 대하여 다음이 성립한다.

정리 4.1.3 (1) $f(z) = z^n$ (단, n은 정수)이면 $f'(z) = nz^{n-1}$이다.

(2) 두 함수 $f(z)$와 $g(z)$가 집합 $A \subset \mathbb{C}$에서 미분가능하면 상수배 cf (단, $c \in \mathbb{C}$), 합 $f+g$, 차 $f-g$, 곱 fg, 나눗셈 $\dfrac{g}{f}$도 모두 미분가능하고, 도함수는 다음과 같다.

(i) $\{cf\}'(z) = cf'(z)$

(ii) $(f(z) \pm g(z))' = f'(z) \pm g'(z)$

(iii) $(f(z)g(z))' = f'(z)g(z) + f(z)g'(z)$

(iv) $\left(\dfrac{g(z)}{f(z)}\right)' = \dfrac{g'(z)f(z) - g(z)f'(z)}{(f(z))^2}$ (단, $f(z) \neq 0$)

(3) **f가 z에서 미분가능하고, g는 점 $f(z)$에서 미분가능하면 합성함수 $F(z) := g \circ f(z)$도 점 z에서 미분가능하고 $F'(z) = g'(f(z))f'(z)$이다.**

증명. (1), (2)에 대한 증명은 쉬우므로 여기서는 (3)만 증명하기로 한다. 한 점 z_0을 고정하고 $f(z_0) = w_0$이라고 하자. 가정에 의해 $g'(w_0)$이 존재한다. 이때 함수 $h(z)$를 다음과 같이 정의하자.

$$h(w) = \begin{cases} \dfrac{g(w) - g(w_0)}{w - w_0} - g'(w_0) & w \neq w_0 \\ 0 & w = w_0 \end{cases}$$

$\lim_{w \to w_0} h(w) = 0$이므로 함수 h는 w_0에서 연속이다. 따라서

$$\lim_{z \to z_0} h(f(z)) = h(\lim_{z \to z_0} f(z)) = h(f(z_0)) = h(w_0) = 0 \tag{4.1}$$

$w = f(z)$로 놓으면 식 (4.1)로부터

$$\begin{aligned} g(w) - g(w_0) &= (h(w) + g'(w_0))(w - w_0) \\ &= (h(f(z)) + g'(w_0))(f(z) - w_0) \end{aligned}$$

이므로

$$\frac{g(w) - g(w_0)}{z - z_0} = (h(f(z)) + g'(w_0)) \cdot \frac{f(z) - f(z_0)}{z - z_0} \tag{4.2}$$

$z \to z_0$이면 식 (4.1)에 의해 식 (4.2)의 우변은

$$(0 + g'(w_0)) \cdot f'(z_0) = g'(w_0)f'(z_0)$$

으로 수렴한다. 그러므로 $(g \circ f)'(z_0) = g'(w_0)f'(z_0)$이다. ∎

코시-리만 방정식(Cauchy-Riemann equations)

함수 $f(z) = u(x,y) + iv(x,y)$가 z에서 미분가능하다고 하자. 함수 f의 실수부분과 허수부분을 분리하여 나타내고 h를 실수라고 하면

$$\begin{aligned}\frac{f(z+h)-f(z)}{h} &= \frac{u(x+h,y)+iv(x+h,y)-u(x,y)-iv(x,y)}{h}\\ &= \frac{u(x+h,y)-u(x,y)}{h}+i\frac{v(x+h,y)-v(x,y)}{h}\end{aligned}$$

이다. 이때 실수 h를 실축을 따라 0으로 접근시키면, 즉 $h \to 0$이면 f가 z에서 미분가능하므로 우변의 실수부분과 허수부분의 극한이 각각 존재하고, 도함수는 변수 x에 대한 편미분(partial derivative)으로 주어진다. 따라서

$$f'(z) = \lim_{h\to 0}\frac{f(z+h)-f(z)}{h} = \frac{\partial u}{\partial x}+i\frac{\partial v}{\partial x} \tag{4.3}$$

한편, h가 순허수로 $h = ik$ (단, k는 실수)라고 하면

$$\frac{f(z+ik)-f(z)}{ik} = \frac{u(x,y+k)-u(x,y)}{ik}+i\frac{v(x,y+k)-v(x,y)}{ik}$$

이때 h를 허축을 따라 0으로 접근시키면

$$f'(z) = \lim_{k\to 0}\frac{f(z+ik)-f(z)}{ik} = \frac{1}{i}\frac{\partial u}{\partial y}+\frac{\partial v}{\partial y} = \frac{\partial v}{\partial y}-i\frac{\partial u}{\partial y} \tag{4.4}$$

식 (4.3)과 식 (4.4)이 같으므로

$$f'(z) = \frac{\partial u}{\partial x}+i\frac{\partial v}{\partial x} = \frac{\partial v}{\partial y}-i\frac{\partial u}{\partial y} \tag{4.5}$$

그러므로 두 개의 편미분 방정식

$$\frac{\partial u}{\partial x} = \frac{\partial v}{\partial y}, \quad \frac{\partial v}{\partial x} = -\frac{\partial u}{\partial y} \tag{4.6}$$

을 얻는다. 방정식 (4.6)을 **코시-리만 방정식** (Cauchy-Riemann equations)이라고 한다. 코시-리만 방정식은 주어진 복소함수가 미분가능할 필요조건을 나타낸다.

보기 4.1.2 함수 $f(z) = \bar{z} = x - iy$는 복소평면 $\mathbb{C}$의 어떤 점에서도 미분가능하지 않다.

풀이. $f(z)=u(x,y)+iv(x,y),\quad u(x,y)=x,\ v(x,y)=-y$로 놓으면

$$\frac{\partial u}{\partial x}=1\neq -1=\frac{\partial v}{\partial y}$$

즉 함수 $f(z)=\bar{z}=x-iy$는 코시-리만 방정식을 만족시키지 않으므로 어떤 점에서도 미분가능하지 않다. ∎

참고 4.1.4 코시-리만 방정식은 함수의 미분가능성에 대한 충분조건을 나타내지는 않는다. 예를 들어, 함수

$$f(z)=f(x,y)=\begin{cases}\dfrac{xy}{x^2+y^2} & z\neq 0\\ 0 & z=0\end{cases}$$

을 생각하자. 이 함수는 원점 $z=0$에서 코시-리만 방정식을 만족시키지만 $z=0$에서 미분가능하지 않다.

실제로, $x=0$이거나 $y=0$이면 $f(x,y)=0$이다. 따라서

$$\begin{aligned}\frac{\partial u}{\partial x}(0) &= \lim_{h\to 0}\frac{u(x,0)-u(0,0)}{h}\\ &= \lim_{h\to 0}\frac{0-0}{h}=0\end{aligned}$$

또한,

$$\frac{\partial u}{\partial y}(0)=0=\frac{\partial v}{\partial x}(0)=\frac{\partial v}{\partial y}(0)$$

이므로 코시-리만 방정식을 만족시킨다. 그러나 직선 $y=x$에 대하여

$$\frac{f(h+ih)-f(0)}{h+ih}=\frac{1}{2(1+i)h}$$

이므로 $h\to 0$일 때, 이 값은 ∞로 발산한다. 따라서 함수 f는 $z=0$에서 연속조차도 아니다.

따름정리 4.1.5 함수 f가 미분가능하면 방정식 (*4.5*)는 다음과 같이 나타낼 수 있다.

$$f'(z)=\frac{\partial f}{\partial x}=-i\frac{\partial f}{\partial y}$$

정리 4.1.6 영역 $\mathcal{D}$에서 $f'(z) \equiv 0$이면 함수 f는 $\mathcal{D}$에서 상수함수이다.

증명. $f(z) = u(x,y) + iv(x,y)$로 놓으면 따름정리 4.1.5에 의해 $\mathcal{D}$에서

$$\frac{\partial f}{\partial x} = \frac{\partial f}{\partial y} = 0$$

이다. 따라서

$$\frac{\partial u}{\partial x} = \frac{\partial u}{\partial y} = 0, \quad \frac{\partial v}{\partial x} = \frac{\partial v}{\partial y} = 0$$

이다. $\dfrac{\partial u}{\partial x} = \dfrac{\partial u}{\partial y} = 0$은 함수 $u(x,y)$가 영역 $\mathcal{D}$에서 실축과 평행한 선분 및 허축과 평행한 선분에서 상수임을 의미한다. 또, $\dfrac{\partial v}{\partial x} = \dfrac{\partial v}{\partial y} = 0$은 $\mathcal{D}$에서 실축 및 허축과 평행한 선분에서 상수임을 의미한다. 따라서 함수 $f(z) = u(z) + iv(z)$는 $\mathcal{D}$에서 실축 및 허축과 평행한 선분에서 상수이다.

정리 2.1.12와 참고 2.1.13에 의해 임의의 두 점 $z_1, z_2 \in \mathcal{D}$에서 $f(z_1) = f(z_2)$이다. 그러므로 $f(z)$는 $\mathcal{D}$에서 상수이다. ∎

연습문제

1. 다음 함수의 도함수 $f'(z)$를 구하시오.

(1) $f(z) = (2 - z^2)^3$

(2) $f(z) = \dfrac{1}{z} \quad (z \neq 0)$

(3) $f(z) = \dfrac{z}{1-z} \quad (z \neq 1)$

2. 함수 $f(z)$에 대하여 기호 $\dfrac{\partial}{\partial \bar{z}}$를

$$\frac{\partial f}{\partial \bar{z}} = \frac{1}{2}\left(\frac{\partial f}{\partial x} - i\frac{\partial f}{\partial y}\right)$$

로 정의할 때, 함수 $f(z) = u(x,y) + iv(x,y)$에 대한 코시-리만 방정식은 $\dfrac{\partial f}{\partial \bar{z}} = 0$과 동치임을 보이시오.

3. 함수 $f(z) = |z|$은 $z = 0$에서 미분가능하지 않음을 보이시오.

4. 함수 $f(z) = \mathrm{Re}\, z$는 $\mathbb{C}$의 어떤 점에서도 미분가능하지 않음을 보이시오.

4. 다음 함수가 코시-리만 방정식을 만족시키는지 결정하시오. 또 미분가능한 집합을 구하시오.

(1) $f(z) = x^2 - y^2$

(2) $f(z) = 2xyi$

(3) $f(z) = x^2 - y^2 + 2xyi$

(4) $f(z) = z\mathrm{Re}\, z$

(5) $f(z) = z|z|$

(6) $f(z) = \bar{z}^2$

5. 함수 $f = u + iv$가 점 z에서 미분가능하면

$$|f'(z)|^2 = \frac{\partial u}{\partial x}\frac{\partial v}{\partial y} - \frac{\partial u}{\partial y}\frac{\partial v}{\partial x}$$

임을 보이시오.

6. 함수 $f(z) = u + iv$가 영역 $\mathcal{D}$에서 미분가능하고 $v \equiv C$ (상수)이면 f는 $\mathcal{D}$에서 상수임을 보이시오.

4.2 해석함수

정의 4.2.1 (1) **함수 f가 점 z의 근방에서 미분가능할 때, f는 점 z에서 해석적**(analytic 또는 holomorphic)**이라고 한다.**

(2) **함수 f가 영역 $\mathcal{D}$의 각 점에서 해석적일 때, f는 영역 $\mathcal{D}$에서 해석적이라고 한다.**

(3) **복소평면 $\mathbb{C}$ 전체에서 해석적인 함수를 정함수**(entire function)**라고 한다.**

정리 4.2.2 $\mathcal{D}$가 영역이고 $f : \mathcal{D} \to \mathbb{C}$가 해석함수라고 하자. $\mathcal{D}$에서 $f'(z) = 0$이면 f는 상수함수이다.

증명. 증명은 정리 4.1.6과 같다. ∎

참고 4.2.3 복소함수 f가 해석적인 점 전체의 집합은 열린 집합이다. 실제로, $f(z)$가 점 z_0에서 해석적이면 정의로부터 근방 $B(z_0, \epsilon)$에서 f가 미분가능하도록 하는 양수 $\epsilon > 0$이 존재한다. 이때 $z_1 \in B(z_0, \epsilon)$이면 $B(z_1, \delta) \subset B(z_o, \epsilon)$인 양수 $\delta > 0$가 존재한다. 따라서 $f(z)$는 점 z_1에서도 해석적이다. 결과적으로 $f(z)$가 점 z_0에서 해석적일 필요충분조건은 f가 점 z_0 근방에서 해석적인 것이다.

참고 4.1.4에서 코시-리만 방정식이 복소함수의 미분가능성에 대한 충분조건을 나타내지는 않는다는 것을 알았다. 그러나 복소함수의 실수부분과 허수부분의 편도함수가 연속이면 코시-리만 방정식이 미분가능성의 충분조건이 된다.

정리 4.2.4 영역 $\mathcal{D}$에서 정의된 복소함수 $f(z) = u(x, y) + iv(x, y)$가 다음 조건을 만족시킨다.

(i) **$u(x, y)$와 $v(x, y)$의 편도함수가 존재하고 연속이다.**

(ii) $u(x,y)$와 $v(x,y)$가 영역 $\mathcal{D}$에서 코시-리만 방정식

$$\frac{\partial u}{\partial x} = \frac{\partial v}{\partial y}, \qquad \frac{\partial u}{\partial y} = -\frac{\partial v}{\partial x}$$

를 만족시킨다.

그러면 $f(z)$는 $\mathcal{D}$에서 해석적이다.

정리 4.2.4를 증명하기 위해서는 이변수 함수에 대한 테일러 전개 공식이 필요하다. 앞으로 $\mathcal{D}$는 항상 유계인 연결집합인 영역을 나타내기로 한다.

도움정리 4.2.5 (이변수 함수의 테일러 전개 공식) 함수 $f(x,y) : \mathcal{D} \to \mathbb{R}$의 편도함수 $\dfrac{\partial f}{\partial x}, \dfrac{\partial f}{\partial y}$가 $\mathcal{D}$의 모든 점에서 연속이라고 하자. 점 $(x,y) \in \mathcal{D}$에 대하여 $\sqrt{h^2+k^2} < \delta$를 만족시키는 모든 실수 h, k에 대하여 $(x+h, y+k) \in \mathcal{D}$이 되도록 하는 양수 $\delta > 0$를 택하자. 그러면

$$f(x+h, y+k) - f(x,y) = f_1(x,y)h + f_2(x,y)k + \epsilon_1 h + \epsilon_2 k$$

여기서 $h \to 0$이고 $k \to 0$이면 $\epsilon_1 \to 0$이고 $\epsilon_2 \to 0$이다.

증명. $\dfrac{\partial f}{\partial x} =: f_1(x,y), \quad \dfrac{\partial f}{\partial y} =: f_2(x,y)$로 나타내자. 미분가능한 일변수 함수 g의 일차 테일러 전개 공식은 다음과 같이 주어진다.

$$g(x+h) - g(x) = g'(x)h + \epsilon h \tag{4.7}$$

여기서 $h \to 0$이면 $\epsilon \to 0$이다. 실제로, 실수 ϵ을

$$\epsilon = \frac{g(x+h) - g(x)}{h} - g'(x)$$

로 정의하면 된다. $f(x,y)$가 이변수 함수이므로 다음과 같이 나타낼 수 있다.

$$\begin{aligned} &f(x+h, y+k) - f(x,y) \\ &= \{f(x+h, y+k) - f(x, y+k)\} + \{f(x, y+k) - f(x,y)\} \\ &= f_1(x, y+k)h + \frac{\epsilon_1}{2}h + f_2(x,y)k + \epsilon_2 k \end{aligned}$$

과

여기서 $(h,k)\to(0,0)$이면 $(\epsilon_1,\epsilon_2)\to(0,0)$이다. f_1이 연속함수이므로

$$f_1(x,y+k)=f_1(x,y)+\frac{\epsilon_1}{2}$$

로 나타낼 수 있으므로 정리가 성립한다. ∎

정리 4.2.4의 증명. $\xi=h+ik,\ h,k\in\mathbb{R}$로 놓고 $z\in\mathcal{D}$라 하자. 다음 극한

$$\lim_{\xi\to 0}\frac{f(z+\xi)-f(z)}{\xi}$$

이 존재하는 것을 보이면 된다. 도움정리 4.2.5에 의해

$$\frac{f(z+\xi)-f(z)}{\xi}=\frac{f_1(x,y)h+f_2(x,y)k+\epsilon_1 h+\epsilon_2 k}{h+ik} \tag{4.8}$$

여기서 $(h,k)\to(0,0)$이면 $(\epsilon_1,\epsilon_2)\to(0,0)$이다. 코시-리만 방정식으로부터

$$f_1(x,y)=-if_2(x,y) \quad 또는 \quad if_1(x,y)=f_2(x,y) \tag{4.9}$$

이 성립한다. 식 (4.9)를 식 (4.8)에 대입하면

$$\begin{aligned}\frac{f(z+\xi)-f(z)}{\xi} &= \frac{f_1(x,y)h+if_1(x,y)k+\epsilon_1 h+\epsilon_2 k}{h+ik}\\ &= f_1(x,y)+\epsilon_1\frac{h}{h+ik}+\epsilon_2\frac{k}{h+ik}\end{aligned} \tag{4.10}$$

복소수에 대하여 다음 두 부등식

$$\left|\frac{h}{h+ik}\right|\le 1,\qquad \left|\frac{k}{h+ik}\right|\le 1$$

이 항상 성립하고 $\xi\to 0$일 때 $(\epsilon_1,\epsilon_2)\to(0,0)$이므로 식 (4.10)의 우변은 $f_1(x,y)$로 수렴한다. 따라서

$$\lim_{\xi\to 0}\frac{f(z+\xi)-f(z)}{\xi}=f_1(x,y)$$

z는 임의의 점이므로 함수 f는 영역 $\mathcal{D}$에서 해석적이다. ∎

코시-리만 방정식을 극좌표를 이용하여 나타내면 다음과 같다.

정리 4.2.6 함수 $f=u+iv$가 점 $z=re^{i\theta}$, $r\neq 0$에서 미분가능하고 u,v의 편도함수가 연속이면

$$\frac{\partial u}{\partial r}=\frac{1}{r}\frac{\partial v}{\partial \theta},\quad \frac{\partial v}{\partial r}=-\frac{1}{r}\frac{\partial u}{\partial \theta}$$

증명. 극좌표 (r,θ)를 $x=r\cos\theta,\ \ y=r\sin\theta$로 놓으면

$$\begin{aligned}\frac{\partial u}{\partial r} &= \frac{\partial u}{\partial x}\frac{\partial x}{\partial r}+\frac{\partial u}{\partial y}\frac{\partial y}{\partial r}\\ &= \frac{\partial u}{\partial x}\cos\theta+\frac{\partial u}{\partial y}\sin\theta\end{aligned} \tag{4.11}$$

이고

$$\begin{aligned}\frac{\partial v}{\partial \theta} &= \frac{\partial v}{\partial x}\frac{\partial x}{\partial \theta}+\frac{\partial v}{\partial y}\frac{\partial y}{\partial \theta}\\ &= -r\sin\theta\frac{\partial v}{\partial x}+r\cos\theta\frac{\partial v}{\partial y}\end{aligned} \tag{4.12}$$

따라서 코시-리만 방정식으로부터

$$\begin{aligned}\frac{\partial v}{\partial \theta} &= r\sin\theta\left(-\frac{\partial v}{\partial x}\right)+r\cos\theta\frac{\partial v}{\partial y}\\ &= r\sin\theta\frac{\partial u}{\partial y}+r\cos\theta\frac{\partial u}{\partial x}=r\frac{\partial u}{\partial r}\end{aligned}$$

같은 방법으로

$$\frac{\partial v}{\partial r}=-\frac{1}{r}\frac{\partial u}{\partial \theta}$$

가 성립함을 보일 수 있다. ∎

따름정리 4.2.7 함수 $f=u+iv$가 점 $z=re^{i\theta}$, $r\neq 0$에서 해석적이면

$$f'(z)=e^{-i\theta}\frac{\partial f}{\partial r}=\frac{1}{iz}\frac{\partial f}{\partial \theta}$$

증명. 식 (4.11)로부터

$$\frac{\partial u}{\partial r}=\frac{\partial u}{\partial x}\cos\theta+\frac{\partial u}{\partial y}\sin\theta \tag{4.13}$$

이고 코시-리만 방정식에 의해

$$\begin{aligned} \frac{\partial v}{\partial r} &= \frac{\partial v}{\partial x}\cos\theta + \frac{\partial v}{\partial y}\sin\theta \\ &= -\frac{\partial u}{\partial y}\cos\theta + \frac{\partial u}{\partial x}\sin\theta \end{aligned} \tag{4.14}$$

식 (4.13)과 식 (4.14)로부터

$$\frac{\partial u}{\partial x} = \frac{\partial u}{\partial r}\cos\theta + \frac{\partial v}{\partial y}\sin\theta \tag{4.15}$$

함수 u와 v를 θ로 미분하면 식 (4.12)와 코시-리만 방정식에 의해

$$\begin{aligned} \frac{\partial u}{\partial \theta} &= -r\sin\theta\frac{\partial u}{\partial x} + r\cos\theta\frac{\partial u}{\partial y} \\ &= -r\sin\theta\frac{\partial v}{\partial y} - r\cos\theta\frac{\partial v}{\partial x} \end{aligned} \tag{4.16}$$

같은 방법으로 계산하면

$$\frac{\partial v}{\partial \theta} = -r\sin\theta\frac{\partial v}{\partial x} + r\cos\theta\frac{\partial v}{\partial y} \tag{4.17}$$

식 (4.16)과 식 (4.17) 및 극형식에 대한 코시-리만 방정식 (정리 4.2.6)에 의해

$$\begin{aligned} \frac{\partial v}{\partial x} &= -\frac{1}{r}\frac{\partial u}{\partial \theta}\cos\theta - \frac{1}{r}\frac{\partial v}{\partial \theta}\sin\theta \\ &= \cos\theta\frac{\partial v}{\partial r} - \sin\theta\frac{\partial u}{\partial r} \end{aligned} \tag{4.18}$$

따라서,

$$\begin{aligned} f'(z) &= \frac{\partial f}{\partial x} = \frac{\partial u}{\partial x} + i\frac{\partial v}{\partial x} \\ &= (\cos\theta - i\sin\theta)\frac{\partial u}{\partial r} + (\sin\theta + i\cos\theta)\frac{\partial v}{\partial r} \\ &= e^{-i\theta}\frac{\partial u}{\partial r} + ie^{-i\theta}\frac{\partial v}{\partial r} \\ &= e^{-i\theta}\frac{\partial f}{\partial r} \end{aligned}$$

같은 방법으로 계산하면

$$f'(z) = \frac{1}{iz}\frac{\partial f}{\partial \theta}$$

이 성립함을 보일 수 있다 (연습문제). ∎

연습문제

1. 다음

$$f(z) = \frac{z^3 + 2z + 1}{z^3 + 1}$$

이 해석적 함수가 되도록 하는 집합을 구하시오.

2. 함수 $f(z)$가 z_0에서 해석적일 필요충분조건은 $\overline{f(\bar{z})}$가 $\bar{z}_0$에서 해석적인 것임을 보이시오.

3. 함수 $f(z) = u + iv$가 해석적이고 u, v의 이계도함수가 존재하고 연속이면

$$\frac{\partial^2 u}{\partial x^2} + \frac{\partial^2 u}{\partial y^2} = 0$$
$$\frac{\partial^2 v}{\partial x^2} + \frac{\partial^2 v}{\partial y^2} = 0$$

이 성립함을 보이시오.

4. 함수 $f(z) = e^z = e^x(\cos y + i \sin y)$에 대하여 $f(z)$는 정함수임을 보이고, 또 $f'(z) = e^z$임을 보이시오.

5. 두 함수 $f(z)$, $g(z)$가 정함수일 때, 다음 함수도 정함수임을 보이시오.

(1) $f(z) + g(z)$ (2) $f(z)g(z)$ (3) $f \circ g(z)$

6. 다음 함수가 정함수(entire function)가 되도록 하는 상수 a, b, c의 조건을 구하시오.

(1) $f(z) = x + ay - i(bx + cy)$

(2) $f(z) = ax^2 - by^2 + icxy$

(3) $f(z) = e^x \cos(ay) + ie^x \sin(y + b) + c$

(4) $f(z) = a(x^2 + y^2) + ibxy + c$

7. (1) 함수 $f(z) = |z|$은 $\mathbb{C}$의 어떤 점에서도 해석적이지 않음을 보이시오.

(2) 함수 $f(z) = |z|^2$은 $\mathbb{C}$의 어떤 점에서도 해석적이지 않음을 보이시오.

8. 함수 $f(z) = u + iv$가 영역 $\mathcal{D}$에서 해석적이고 $v \equiv C$ (상수)이면 f는 $\mathcal{D}$에서 상수임을 보이시오.

9. 영역 $\mathcal{D}$에서 함수 $f(z)$와 $\overline{f(z)}$가 모두 해석적이면 $f(z)$는 상수함수임을 보이시오.

10. 함수 $f(z)$가 영역 $\mathcal{D}$에서 해석적이고 $|f(z)|$가 상수함수이면 $f(z)$도 상수함수임을 보이시오.

11. 함수 $f(z)$가 점 $re^{i\theta}(r \neq 0)$에서 해석적이면

$$f'(z) = \frac{1}{iz}\frac{\partial f}{\partial \theta}$$

임을 보이시오.

12. 함수 $f(z)$가 점 z_0에서 해석적일 때, 함수 $g(z) := \mathrm{Re} f(z)$가 점 z_0에서 해석적일 필요충분조건은 $g(z)$가 z_0 근방에서 상수인 것임을 보이시오.

4.3 조화함수

함수 $f(z)$가 영역에서 해석적이면 도함수 $f'(z)$를 여러 가지 형태로 나타낼 수 있다. 예를 들어, 따름정리 4.1.5로부터

$$f'(z) = \frac{\partial f}{\partial x} \tag{4.19}$$

또는

$$f'(z) = -i\frac{\partial f}{\partial y} \tag{4.20}$$

로 나타낼 수 있다. 해석함수는 모든 차수의 도함수가 존재한다는 사실을 6장에서 알게 될 것이다. 우선 이 사실을 가정하면 식 (4.19)로부터 이계도함수는

$$f''(z) = \frac{\partial}{\partial x}f'(z) = \frac{\partial^2 f}{\partial x^2} \tag{4.21}$$

으로 주어진다. 식 (4.20)로부터 f의 이계도함수는

$$f''(z) = -i\frac{\partial}{\partial y}f'(z) = -i\frac{\partial}{\partial y}\left(-i\frac{\partial f}{\partial y}\right) = -\frac{\partial^2 f}{\partial y^2} \tag{4.22}$$

으로도 나타낼 수 있다. 식 (4.21)와 식 (4.22)로부터 다음 항등식

$$\frac{\partial^2 f}{\partial x^2} + \frac{\partial^2 f}{\partial y^2} = 0 \tag{4.23}$$

을 얻는다. 이 방정식은 해석함수 $f(z)$에 대하여 성립한다. 따라서 $f(z) = u(x,y) + iv(x,y)$이 어떤 영역에서 해석적이면 식 (4.23)에 의해 다음이 성립한다.

$$\frac{\partial^2 u}{\partial x^2} + \frac{\partial^2 u}{\partial y^2} = 0, \qquad \frac{\partial^2 v}{\partial x^2} + \frac{\partial^2 v}{\partial y^2} = 0 \tag{4.24}$$

식 (4.24)를 만족시키는 이변수 함수를 조화함수(harmonic function)라고 한다.

정의 4.3.1 영역 $\mathcal{D}$에서 정의된 연속인 실함수 $u(x,y)$가 일계 편도함수와 이계 편도함수가 존재하고 연속이면서 방정식

$$\frac{\partial^2 u}{\partial x^2} + \frac{\partial^2 u}{\partial y^2} = 0 \tag{4.25}$$

을 만족시킬 때, $u(x,y)$를 **조화함수**(harmonic function)**라고 한다. 방정식** (4.25)를 **라플라스 방정식**(Laplace's equation)**이라고 한다.**

식 (4.24)로부터 해석함수 $f = u + iv$의 실수부분 u와 허수부분 v는 각각 조화함수임을 알 수 있다.

정의 4.3.2 조화함수 $u = u(x,y)$**에 대하여 복소함수** $f(z) = u(x,y) + iv(x,y)$**가 해석함수가 되도록 하는** $v = v(x,y)$**를** u**의 켤레조화함수**(harmonic conjugate)**라고 한다.**

보기 4.3.1 이변수 함수 $u(x,y) = x^2 + y$는

$$\frac{\partial^2 u}{\partial x^2} + \frac{\partial^2 u}{\partial y^2} \equiv 2$$

를 만족시키므로 조화함수가 아니다. 따라서 u는 해석함수의 실수부분이나 허수부분이 될 수 없다.

보기 4.3.2 함수 $u(x,y) = x + e^{-x}\cos y$는 조화함수임을 쉽게 확인할 수 있다. u의 켤레조화함수를 구하여보자.

풀이. 직접 계산을 하면

$$\frac{\partial^2 u}{\partial x^2} + \frac{\partial^2 u}{\partial y^2} = 0$$

따라서 u는 조화함수이다. $v = v(x,y)$를 u의 켤레조화함수라고 하면

$$\frac{\partial v}{\partial y} = \frac{\partial u}{\partial x} = 1 - e^{-x}\cos y$$

이므로

$$v(x,y) = y - e^{-x}\sin y + \phi(x)$$

이다. 여기서 $\phi(x)$는 변수 x만의 함수로 $\frac{\partial \phi}{\partial y} = 0$이다. 함수 v를 변수 x로 미분하면

$$e^{-x}\sin y = -\frac{\partial u}{\partial y} = \frac{\partial v}{\partial x} = e^{-x}\sin y + \phi'(x)$$

따라서 $\phi'(x) = 0$이므로 ϕ는 상수함수이다. 그러므로

$$v(x, y) = y - e^{-x} \sin y + (\text{상수})$$

∎

연습문제

1. 다음 함수 $u(x, y)$는 조화함수임을 보이고, 켤레조화함수를 구하시오.

(1) $u(x, y) = y^3 - 3x^2 y$

(2) $u(x, y) = xy^3 - x^3 y$

(3) $u(x, y) = \sinh x \sin y$

(4) $u(x, y) = e^x \sin y$

(5) $u(x, y) = \dfrac{1}{2} \log(x^2 + y^2)$

2. 함수 $u(x, y)$가 조화함수이면 $U(x, y) := u(-x, y)$와 $V(x, y) := u(x, -y)$도 조화함수임을 보이시오.

3. 함수 $u(x, y) = ax^2 bxy + cy^2$이 조화함수가 되도록 하는 상수 a, b, c의 값을 구하시오.

4. 함수 $f(z) = u(r, \theta) + iv(r, \theta)$가 영역 $\mathcal{D}$에서 해석적이고, u, v는 이계도함수가 존재하고 연속이면

$$\frac{\partial^2 u}{\partial r^2} + \frac{1}{r} \frac{\partial u}{\partial r} + \frac{1}{r^2} \frac{\partial^2 u}{\partial \theta^2} = 0$$

$$\frac{\partial^2 v}{\partial r^2} + \frac{1}{r}\frac{\partial v}{\partial r} + \frac{1}{r^2}\frac{\partial^2 v}{\partial \theta^2} = 0$$

이 성립함을 보이시오. (단, $r \neq 0$)

4.4 초월함수의 미분

이 절에서는 지수함수, 로그함수, 제곱근함수, 삼각함수 등 복소함수의 미분에 대하여 알아보자.

정리 4.4.1 **함수** $f : \mathbb{C} \to \mathbb{C}$, $z \to e^z$**는 복소평면** $\mathbb{C}$**에서 해석적인 정함수이고 도함수는**

$$\frac{d}{dz}e^z = e^z$$

이다.

증명. $z = x + iy$로 놓으면 $e^z = e^{x+iy} = e^x(\cos y + i\sin y)$이다. 이때

$$u(x,y) = e^x \cos y, \quad v(x,y) = e^x \sin y$$

라고 하면 u와 v는 코시-리만 방정식을 만족시킨다. 따라서 $f(z) = e^z$는 $\mathbb{C}$에서 해석적이다. 더욱이

$$\begin{aligned} f'(z) &= \frac{\partial f}{\partial x} = \frac{\partial u}{\partial x} + i\frac{\partial v}{\partial x} \\ &= e^x(\cos y + i\sin y) = e^z \end{aligned}$$

∎

정리 4.4.2 **집합** A**를** $A = \mathbb{C} - \{\, x + iy \mid x \le 0, \;\; y = 0 \,\}$**이라 하고** A**에서 로그함수** $\log z$**의 분지를**

$$\log z = \log|z| + i\arg z, \quad -\pi < \arg z < \pi,$$

로 정의하자.[1] **그러면 로그함수** $\log z$**는 집합** A**에서 해석적이고 도함수는**

$$\frac{d}{dz}\log z = \frac{1}{z}$$

이다.

[1] 편각이 $-\pi < \arg z \le \pi$로 주어지는 분지를 **주분지**(principal branch)라고 한다.

증명. 극좌표 (r, θ)로 로그함수를 나타내면

$$\log z = \log|z| + i\arg(z) = \log r + i\theta$$

따라서 $\log z$의 실수부분과 허수부분은 각각 $u(r,\theta) = \log r$, $v(r,\theta) = \theta$이고 집합 A에서 모두 매끄러운(C^∞) 함수이다. 편미분을 구하면

$$\frac{\partial u}{\partial r} = \frac{1}{r} \quad \text{이고} \quad \frac{\partial v}{\partial \theta} = 1$$

이므로

$$\frac{\partial u}{\partial r} = \frac{1}{r}\frac{\partial v}{\partial \theta}$$

이다. 또한,

$$\frac{\partial u}{\partial \theta} = 0 = \frac{\partial v}{\partial r}$$

이다. 따라서 u와 v는 코시-리만 방정식을 만족시키므로 $\log z$는 집합 A에서 해석적이다. 그러므로 따름정리 4.2.7에 의해

$$\begin{aligned}\frac{d}{dz}\log z &= e^{-i\theta}\frac{\partial}{\partial r}(\log z) = e^{-i\theta}\frac{1}{r} \\ &= \frac{1}{re^{i\theta}} = \frac{1}{z}\end{aligned}$$

∎

로그함수의 도함수가 $(\log z)' = \dfrac{1}{z}$임을 직접 보일 수 도 있다. 실제로,

$$\begin{aligned}\frac{d}{dz}\log z &= \frac{\partial}{\partial x}(\log r) + i\frac{\partial \theta}{\partial x} \\ &= \frac{1}{r}\frac{\partial r}{\partial x} + i\frac{\partial \theta}{\partial x}\end{aligned} \tag{4.26}$$

한편, $x = r\cos\theta$, $y = r\sin\theta$로부터 $\theta = \tan^{-1}\left(\frac{y}{x}\right)$이므로

$$\frac{\partial \theta}{\partial x} = \frac{-\dfrac{y}{x^2}}{1+\left(\dfrac{y}{x}\right)^2} = -\frac{y}{x^2+y^2} = -\frac{y}{r^2} \tag{4.27}$$

또한 $r = \sqrt{x^2+y^2}$으로부터

$$\frac{\partial r}{\partial x} = \frac{2x}{2\sqrt{x^2+y^2}} = \frac{x}{r} \tag{4.28}$$

따라서 식 (4.26)-(4.28)에 의해

$$\begin{aligned}(\log z)' &= \frac{1}{r}\frac{x}{r} - i\frac{y}{r^2} \\ &= \frac{x-iy}{r^2} = \frac{\bar{z}}{r^2} = \frac{\bar{z}}{|z|^2} \\ &= \frac{\bar{z}}{z\bar{z}} = \frac{1}{z}\end{aligned}$$

정리 4.4.3 삼각함수 $\sin z$와 $\cos z$는 정함수이고 도함수는 각각

$$\frac{d}{dz}\sin z = \cos z \quad \text{이고} \quad \frac{d}{dz}\cos z = -\sin z$$

이다.

증명. 삼각함수의 정의로부터

$$\sin z = \frac{e^{iz} - e^{-iz}}{2i}, \quad \cos z = \frac{e^{iz} + e^{-iz}}{2}$$

따라서

$$(\sin z)' = \frac{e^{iz}\cdot i + e^{-iz}\cdot i}{2i} = \frac{e^{iz} + e^{-iz}}{2} = \cos z$$

같은 방법으로 $(\cos z)' = -\sin z$임을 보일 수 있다. ∎

정리 4.4.4 (1) 로그함수 $\log z$의 분지에 대하여 함수 $z \to a^z$는 해석적이고 도함수는 $x \to (\log a)a^z$이다.

(2) 로그함수 $\log z$의 주분지 A에 대하여 함수 $z \to z^b$는 주분지 A에서 해석적이고 도함수는 $z \to bz^{b-1}$이다.

증명. 정의에 의해 $a^z = e^{z\log a}$이므로 $(a^z)' = e^{z\log a} \cdot \log a = (\log a)a^z$이다. 또 $z^b = e^{b\log z}$이므로 $(z^b)' = e^{b\log z} \cdot \frac{b}{z} = z^b \cdot \frac{b}{z} = bz^{b-1}$ 이다. ■

정리 4.4.5 n-**제곱근 함수** $z \to z^{\frac{1}{n}} = \sqrt[n]{z}$**는** $\log z$**의 정의역에서 해석적이고 도함수는**

$$\frac{d}{dz}\sqrt[n]{z} = \frac{1}{n}z^{\frac{1}{n}-1}$$

이다.

증명. 정의에 의해 $f(z) = z^{\frac{1}{n}} = e^{\frac{1}{n}\log z}$이므로

$$f'(z) = (e^{\frac{1}{n}\log z})' = e^{\frac{1}{n}\log z} \cdot \frac{1}{nz} = \frac{1}{n}z^{\frac{1}{n}-1}$$

이다. ■

보기 4.4.1 함수 $f(z) = \sqrt{e^z+1}$**이 해석적인 영역** A**를 구하고, 이 영역에서 도함수를 구하여라.**

풀이. 우선 주어진 함수가 제곱근 기호를 포함하고 있으므로 집합 $\mathbb{C} - \{\, x+iy \mid y=0,\ x \le 0 \,\}$에서 해석적인 제곱근 함수 $w \to \sqrt{w}$의 분지를 택하자. 그러면 함수 $f(z) = \sqrt{e^z+1}$의 영역 A는 다음 조건을 만족시키도록 택해야한다.

$$z \in A \quad \Leftrightarrow \quad e^z + 1\text{는 }0\text{보다 작거나 같은 실수가 아니다.}$$

e^z가 실수일 필요충분조건은 정수 n에 대하여

$$y = \mathrm{Im}(z) = n\pi$$

인 것이다. 이때 n이 짝수이면 e^z은 양수이고 n이 홀수이면 e^z은 음수이다. 또한, $|e^z| = e^x,\quad x = \mathrm{Re}(z)$이고 $e^x \ge 1 \ \Leftrightarrow\ x \ge 0$이다. 따라서 n이 홀수이고 $x \ge 0$이면 $e^z + 1 \le 0$이다. 그러므로 집합 A를

$$A = \mathbb{C} - \{\, x+iy \mid x \ge 0, y = (2k+1)\pi, k \in \mathbb{Z} \,\}$$

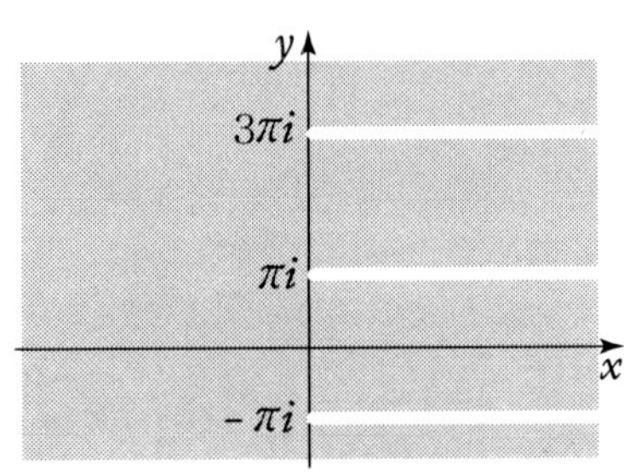

그림 4.1.

로 놓으면 $e^z + 1$이 양수가 아닌 실수일 필요충분조건은 $z \notin A$인 것이다. 함수 $e^z + 1$는 정함수이므로 집합 A에서 해석적이다. 연쇄법칙에 의해 합성함수 $\sqrt{e^z + 1}$는 영역 A에서 해석적이고 도함수는

$$\frac{e^z}{2\sqrt{e^z + 1}}$$

이다.

∎

연습문제

1. 다음 함수가 해석적인 영역에서 도함수 $f'(z)$를 구하시오.

(1) $f(z) = e^{e^z}$

(2) $f(z) = \sin e^z$

(3) $f(z) = \dfrac{e^z}{z^2 + 2}$

(4) $f(z) = \cos \bar{z}$

(5) $f(z) = \dfrac{1}{e^z - 1}$

(6) $f(z) = \log(e^z + 1)$

(7) $f(z) = z^{1+i}$

2. 닫힌 영역 $|z| \le 1$에서 $|e^{z^2}|$의 최솟값을 구하시오.

3. 함수 $f(z) = e^{\bar{z}}$는 $\mathbb{C}$의 어떠한 점에서도 해석적이지 않음을 보이시오.

4. 복소 탄젠트 함수 $\tan z$와 코탄젠트 함수 $\cot z$, 시컨트 함수 $\sec z$와 코시컨트 함수 $\csc z$를 다음과 같이 정의하자.

$$\tan z = \frac{\sin z}{\cos z}, \quad \cot z = \frac{1}{\tan z}$$

$$\sec z = \frac{1}{\cos z}, \quad \csc z = \frac{1}{\sin z}$$

이때 도함수는 각각 다음과 같이 주어짐을 보이시오.

(1) $\dfrac{d}{dz}\tan z = \sec^2 z, \quad \dfrac{d}{dz}\cot z = -\csc^2 z$

(2) $\dfrac{d}{dz}\sec z = \sec z \tan z, \quad \dfrac{d}{dz}\csc z = -\csc\cot z$

5. 복소 쌍곡사인함수 $\sinh z$와 쌍곡코사인함수 $\cosh z$를 다음과 같이 정의하자.

$$\sinh z = \frac{e^z - e^{-z}}{2}, \quad \cosh z = \frac{e^z + e^{-z}}{2}$$

이때, 다음 물음에 답하시오.

(1) 다음 항등식이 성립함을 보이시오.

(i) $-i\sinh(iz) = \sin z, \quad \cosh(iz) = \cos z,$

(ii) $i\sin(iz) = \sinh z, \quad \cos(iz) = \cosh z$

(iii) $\cosh^2 - \sinh^2 z = 1$

(iv) $z = x + iy$일 때,

$$\sinh z = \sinh x \cos y + i \cosh x \sin y$$

$$\cosh z = \cosh x \cos y + i \sinh x \sin y$$

(2) 다음 미분이 성립함을 보이시오.

$$\frac{d}{dz} \sinh z = \cosh z, \quad \frac{d}{dz} \cosh z = \sinh z$$

6. 다음 함수가 해석적인 영역을 구하고, 그 영역에서 도함수를 구하시오.

(1) $f(z) = z^2 + z$ (2) $f(z) = \dfrac{1}{z}$

(3) $f(z) = \dfrac{\cos z}{\sin z}$ (4) $f(z) = e^{\frac{z^3+1}{z-n}}$

7. 다음 함수가 해석적인 영역을 구하고, 그 영역에서 도함수를 구하시오.

(1) $f(z) = 3^z$ (2) $f(z) = \log(z+1)$

(3) $f(z) = z^{1+i}$ (4) $f(z) = \sqrt{z}$

(5) $f(z) = \sqrt{z^3 - 1}$ (6) $f(z) = \sin \sqrt{z}$

제 5 장

복소 적분

5.1 선적분

4장에서 복소함수의 도함수를 정의하였다. 이 장에서는 미분의 역연산인 복소함수의 적분에 대하여 알아보기로 한다. 해석함수의 적분은 미적분학에서 배우는 적분에 대한 기본적인 성질들을 만족시킬 뿐만 아니라, 그 이외에도 매우 특별한 성질을 갖고 있다는 것을 보게 될 것이다. 복소함수의 적분을 정의하기에 앞서 우선 복소수 값을 갖는 일변수함수의 적분에 대하여 정의하자.

정의 5.1.1 $h : [a, b] \subset \mathbb{R} \to \mathbb{C}$**가 복소수 값을 갖는 일변수 함수로** $h(t) = u(t) + iv(t)$**로 나타내자. 여기서** $u(t)$**와** $v(t)$**는 닫힌 구간** $[a, b]$**를 정의역으로 하고 실수 값을 갖는 연속함수이다. 이때 함수** $h(t)$**의 구간** $[a, b]$**에서의 적분은 다음과 같이 정의한다:**

$$\int_a^b h(t)\,dt = \int_a^b u(t)\,dt + i\int_a^b v(t)\,dt \tag{5.1}$$

정의 5.1.1에서 함수 u와 v의 역도함수(원시함수)를 구하여 정적분의 값을 계산하면 된다. 만일 $U'(t) = u(t)$이고 $V'(t) = v(t)$이면 식 (5.1)의 우변은

$$\int_a^b f(t)\,dt = U(b) - U(a) + i[V(b) - V(a)]$$

이다. 또한 다음이 성립한다.

$$\operatorname{Re}\int_a^b h(t)\,dt = \int_a^b \operatorname{Re}(h(t))\,dt = \int_a^b u(t)\,dt$$

$$\operatorname{Im}\int_a^b h(t)\,dt = \int_a^b \operatorname{Im}(h(t))\,dt = \int_a^b v(t)\,dt$$

보기 5.1.1 다음 적분을 구하여라.

$$\int_0^1 (t-i)^3\,dt$$

풀이. $f(t) = (t-i)^3 = u(t) + iv(t)$로 놓으면 $(t-i)^3 = t^3 - 3t + i(-3t^2+1)$이므로 $u(t) = t^3 - 3t$이고 $v(t) = -3t^2 + 1$이다. 적분하면

$$\int_0^1 (t^3 - 3t)\,dt = -\frac{5}{4} \quad \text{이고} \quad \int_0^1 (-3t^2+1)\,dt = 0$$

이므로

$$\int_0^1 (t-i)^3\,dt = \int_0^1 u(t)\,dt + i\int_0^1 v(t)\,dt = -\frac{5}{4}$$

∎

이제 구간이 아닌 일반적인 곡선(curve)에서 정의된 복소수 값을 갖는 복소함수의 적분을 정의하자. 이를 위해서 몇 가지 용어 및 개념이 필요하다.

정의 5.1.2 (1) **복소평면에서 연속 곡선**(continuous curve 또는 arc) C**는 다음과 같이 주어지는 매개곡선을 의미한다:**

$$(5.2) \qquad C : z(t) = x(t) + iy(t) \qquad (a \le t \le b)$$

여기서 $x(t)$**와** $y(t)$**는 실변수** t**의 함수로 실수값을 갖는 연속함수이다.**

(2) **식** (*5.2*)**에 의해 정의된 곡선** C**에서** $z(a)$**를 곡선의 시점**(initial point)**이라 하고,** $z(b)$**를 곡선** C**의 종점**(terminal point)**이라고 한다.**

(3) **곡선 C의 시점과 종점이 일치할 때, 즉 $z(a) = z(b)$일 때 C를 폐곡선**(closed curve)**이라고 한다.**

(4) **닫힌 곡선 C가 열린 구간 $a < t < b$에서 $1-1$이면 C를 단순곡선**(simple)**이라고 한다.**

(5) **닫힌 단순곡선을 단순 폐곡선**(simple closed curve)**이라고 한다.**

도함수가 연속인 곡선을 매끄러운 곡선(smooth curve)이라고 한다. 매끄러운 곡선 C의 매개방정식을

$$z(t) = x(t) + iy(t) \qquad (a \le t \le b)$$

라고 하자. 함수 $f(z)$가 곡선 C에서 연속이면 $f(z(t))z'(t)$는 구간 $a \le t \le b$에서 연속이다.

정의 5.1.3 **곡선 C 위에서 함수 $f(z)$의 적분은 다음과 같이 정의한다:**

$$\int_C f(z)\,dz = \int_a^b f(z(t))z'(t)\,dt$$

보기 5.1.2 곡선이 다음과 같을 때 적분

$$\int_C |z|^2\,dz$$

을 구하여라.

(1) $C_1 : z(t) = t + it \quad (0 \le t \le 1)$

(2) $C_2 : z(t) = t^2 + it \quad (0 \le t \le 1)$

풀이. (1) $\frac{2}{3}(1+i)$ (2) $\frac{5}{6} + \frac{8}{15}i$ ∎

경로(contour)

$C : z(t)$가 구간 $[a, b]$에서 매끄러운 곡선이라 하고, $a < c < b$라고 하자. 그러면 구간 $[a, c]$에서의 곡선 C_1과 구간 $[c, b]$에서의 곡선 C_2를 얻는다. 그러면 곡선 C에서의 정의된 연속 함수 $f(z)$에 대하여

$$\begin{aligned}\int_C f(z)\,dz &= \int_a^b f(z(t))z'(t)\,dt \\ &= \int_a^c f(z(t))z'(t)\,dt + \int_c^b f(z(t))z'(t)\,dt \\ &= \int_{C_1} f(z)\,dz + \int_{C_2} f(z)\,dz\end{aligned}$$

이다. 같은 이유에 의해 매끄러운 곡선 C가 n 개의 곡선의 합으로 주어지면

$$\begin{aligned}\int_C f(z)\,dz &= \int_{C_1+\cdots+C_n} f(z)\,dz \\ &= \int_{C_1} f(z)\,dz + \int_{C_2} f(z)\,dz + \cdots + \int_{C_n} f(z)\,dz\end{aligned}$$

이다.

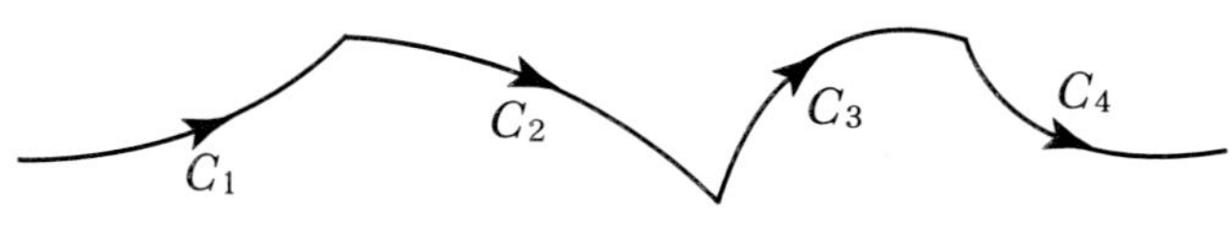

그림 5.1.

정의 5.1.4 (1) **닫힌 구간에서 정의된 일변수 함수가 유한개의 점을 제외한 나머지 점에서 연속이고 연속이 아닌 유한개의 점에서 좌극한과 우극한이 각각 존재할 때, 그 함수를 조각별 연속함수**(piecewise continuous)**라고 한다.**

(2) **도함수가 조각별 연속함수인 곡선을 경로**(contour)**라고 한다.**

매끄러운 곡선은 연속인 도함수를 갖는 곡선이므로 경로는 매끄러운 곡선의 일반화된 개념이라고 말할 수 있다. $C : z(t)$가 닫힌 구간 $[a, b]$의 경로이면 유한개의 점

$$a = a_0 < a_1 < \cdots < a_n = b$$

이 존재하여 $C|_{[a_{i-1},a_i]} =: C_i$는 매끄러운 곡선이고 극한

$$\lim_{t\to a_i+0} z(t), \qquad \lim_{t\to a_i-0} z(t)$$

가 존재한다. 이때 경로 C에서 정의된 복소함수 $f(z)$의 적분은

$$\int_C f(z)\,dz = \sum_{i=1}^{n} \int_{C_i} f(z)\,dz = \sum_{i=1}^{n} \int_{a_{i-1}}^{a_i} f(z(t))z'(t)\,dt$$

로 정의한다.

보기 5.1.3 경로가 다음과 같을 때 적분 $\int_C z\,dz$를 구하여라.

$$C : z(t) = \begin{cases} 2t & 0 \le t \le 1 \\ 2 + i(t-1) & 1 \le t \le 2 \end{cases}$$

풀이. $\frac{3}{2} + 2i$ ∎

보기 5.1.4 C가 꼭짓점이 $-1, 1, 1+i, -1+i$인 직사각형일 때, 적분 $\int_C |z|\,dz$를 구하여라.

풀이. $1 - \sqrt{2} - \log(\sqrt{2}+1)$ ∎

역방향 곡선

경로 $C : z(t) = x(t) + iy(t) \quad (a \le t \le b)$에 대하여 다음과 같이 정의된 경로

$$-C : z(-t) = x(-t) + iy(-t) \qquad (-b \le t \le -a)$$

는 같은 곡선을 나타내지만 방향이 반대인 경로이다. 이를 **역방향 곡선**(reverse curve)이라고 한다. 선적분의 정의에 의해

$$\int_{-C} f(z)\,dz = \int_{-b}^{-a} f(z(-t))z'(-t)(-1)\,dt$$

이고 치환적분 $r = -t$을 이용하면

$$\begin{aligned}\int_{-C} f(z)\,dz &= \int_b^a f(z(r))z'(r)\,dr \\ &= -\int_a^b f(z(r))z'(r)\,dr = -\int_C f(z)\,dz\end{aligned}$$

이 성립한다. 다시 말해서, 역방향 곡선의 선적분은 원래의 곡선의 적분값에 음의 부호 $-$를 붙이면 된다.

정의 5.1.5 조각별 연속곡선 C의 매개방정식을 $z = z(t) : [a,b] \to \mathbb{C}$라고 하자. 조각별 연속곡선 $\widetilde{C}$의 매개방정식 $w = w(s) : [c,d] \to \mathbb{C}$에 대하여, 매끄러운 함수 $\alpha : [c,d] \to [a,b]$가 존재하여 $\alpha'(s) > 0$ (단, $c < s < d$)이고

$$w(s) = z \circ \alpha(s)$$

일 때, $\widetilde{C}$를 곡선 C의 재매개곡선 (reparametrization)이라고 한다.

조건 $\alpha'(s) > 0$으로부터 α가 증가함수이므로 $\alpha(c) = a$, $\alpha(d) = b$가 성립한다. 또, 매개방정식 $w(s)$와 매개방정식 $z(t)$가 같은 방향으로 움직인다는 것을 나타낸다. 즉, 재매개곡선 $\widetilde{C}$와 곡선 C의 방향이 일치한다는 것을 의미한다.

정리 5.1.6 $\widetilde{C} : w = w(s)$가 곡선 $C : z = z(t)$의 재매개곡선이면, 연속함수 f에 대하여

$$\int_C f = \int_{\widetilde{C}} f$$

이다.

증명. 닫힌 구간 $[a,b]$를 부분구간(subinterval)으로 나눌 수 있으므로 z와 w가 매끄러운 곡선이라고 가정하자. $\alpha : [c,d] \to [a,b]$가 $w(s) = z(\alpha(s))$인 매끄러운 곡선이면, 정의로부터

$$\int_C f(z)\,dz = \int_a^b f(z(t))z'(t)\,dt$$

이다. 연쇄법칙에 의해 $w'(s) = z'(\alpha(s))\alpha'(s)$이므로

$$\begin{aligned}\int_{\widetilde{C}} f(z)\,dz &= \int_c^d f(w(s))w'(s)\,ds \\ &= \int_c^d f(z(\alpha(s)))z'(\alpha(s))\alpha'(s)\,ds \\ &= \int_a^b f(z(t))z'(t)\,dt\end{aligned}$$

여기서 마지막 등식은 치환적분 $t = \alpha(s)$에 의해 성립한다. ∎

좌표평면 $\mathbb{R}^2$에서 매개방정식

$$x = \phi(t), \quad y = \psi(t) \qquad (a \le t \le b)$$

으로 주어지는 곡선의 길이 L은 다음과 같이 주어진다.

$$L = \int_a^b \sqrt{(\phi'(t))^2 + (\psi'(t))^2}\,dt = \int_a^b \sqrt{\left(\frac{dx}{dt}\right)^2 + \left(\frac{dy}{dt}\right)^2}\,dt$$

곡선 C에 대하여 복소 매개방정식

$$C : z(t) = x(t) + iy(t) \qquad (a \le t \le b)$$

을 이용하면 곡선 C의 길이는 다음과 같이 나타낼 수 있다.

$$L = \int_a^b |z'(t)|\,dt = \int_a^b \left|\frac{dx}{dt} + i\frac{dy}{dt}\right| dt \tag{5.3}$$

매개방정식 $z = z(t)$에 대하여 $|dz| = |z'(t)|dt$이므로 식 (5.3)은 다음과 같이 나타낼 수 있다.

$$L = \int_C |dz|$$

정리 5.1.7 함수 $f(z)$가 경로 C에서 연속이고 $|f(z)| \le M$이라고 하자. 경로 C의 길이가 L이면

$$\left|\int_C f(z)\,dz\right| \le \int_C |f(z)||dz| \le M \int_C |dz| = ML$$

증명. 구간 $[a,b]$에서 복소수 값을 갖는 함수 $g(t)$에 대하여 적분의 실수부분은

$$\text{Re}\int_a^b g(t)\,dt = \int_a^b \text{Re}\,g(t)\,dt \tag{5.4}$$

으로 주어진다. 이 사실로부터 다음이 성립함을 보일 수 있다.

$$\left|\int_a^b g(t)\,dt\right| \le \int_a^b |g(t)|\,dt$$

실제로,

$$\int_a^b g(t)\,dt = re^{i\theta} \qquad (r \ge 0,\ -\pi < \theta \le \pi)$$

로 놓으면

$$\begin{aligned}\int_a^b e^{-i\theta} g(t)\,dt &= e^{-i\theta}\int_a^b g(t)\,dt \\ &= r = \left|\int_a^b g(t)\,dt\right|\end{aligned}$$

식 (5.4)와 성질

$$\text{Re}\left(e^{-i\theta}g(t)\right) \le |e^{-i\theta}g(t)| = |g(t)|$$

로부터

$$\begin{aligned} r = \text{Re}\int_a^b e^{-i\theta}g(t)\,dt &= \int_a^b \text{Re}\left(e^{-i\theta}g(t)\right)\,dt \\ &\le \int_a^b |e^{-i\theta}g(t)|\,dt = \int_a^b |g(t)|\,dt\end{aligned}$$

그러므로

$$\begin{aligned}\left|\int_C f(z)\,dz\right| &= \left|\int_a^b f(z(t))z'(t)\,dt\right| \\ &\le \int_a^b |f(z(t))z'(t)|\,dt = \int_a^b |f(z(t))||z'(t)|\,dt \\ &= \int_C |f(z)||dz| \le ML\end{aligned}$$

∎

연습문제

1. 곡선 C가 다음과 같을 때 적분 $\int_C \bar{z}\,dz$를 구하시오.

(1) $z(t) = e^{it}$ $(-\pi \le t \le \pi)$

(2) $z(t) = e^{2it}$ $(-\pi \le t \le \pi)$

(3) $z(t) = e^{it} - 1$ $(-\pi \le t \le \pi)$

(4) $z(t) = t + it$ $(-\pi \le t \le \pi)$

(5) $z(t) = 5e^{it} + 3$ $(-\pi \le t \le \pi)$

2. 곡선 $C : z(t) = e^{it}$ $(-\pi \le t \le \pi)$에 대하여, 다음 함수에 대한 적분 $\int_C f(z)\,dz$를 구하시오.

(1) $f(z) = z^2$ (2) $f(z) = \dfrac{1}{z}$

(3) $f(z) = \dfrac{1}{z^2}$ (4) $f(z) = 2\bar{z} - i\left(z + \dfrac{1}{z}\right)$

3. 다음 부등식을 증명하시오.

(1) $\left|\int_{|z|=1} \dfrac{dz}{3+5z^2}\right| \le \pi$ (2) $\left|\int_{|z|=1} \dfrac{2z+1}{5+z^2}dz\right| \le \dfrac{3\pi}{2}$

4. 곡선 C가 꼭짓점이 $\pm 1 \pm i$인 정사각형일 때, 적분 $\int_C \dfrac{1}{z}\,dz$를 구하시오.

5. 경로 C가 그림 5.2와 같을 때, 적분 $\int_C \dfrac{z}{\bar{z}}\,dz$를 구하시오.

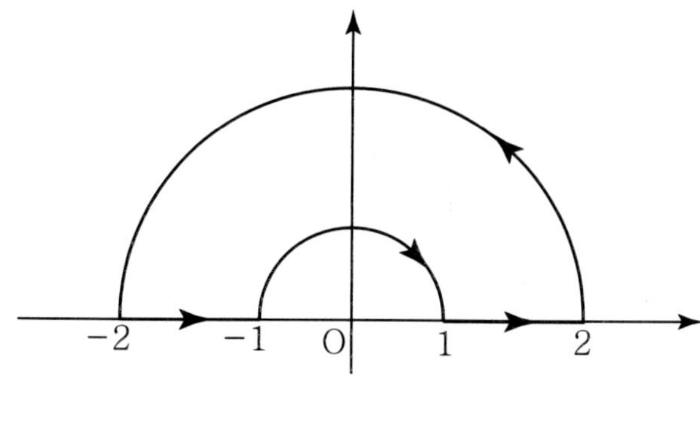

그림 5.2.

5.2 코시 정리

선적분과 방향(orientation)

정의 5.2.1 복소평면의 영역 $\mathcal{D}$에 속하는 어떤 단순 폐곡선도 그 내부에 $\mathcal{D}$의 점만을 포함하고 있을 때, $\mathcal{D}$를 **단순연결**(simply connected) 영역이라고 한다. 단순연결 영역이 아닌 영역을 **다중연결**(multiply connected) 영역이라고 한다.

정의에 의해 '영역'은 복소평면 $\mathbb{C}$에서 열린 집합이면서 연결집합임을 나타낸다.

정의 5.2.2 영역 $\mathcal{D}$의 경계 $C := \partial\mathcal{D}$를 따라 움직일 때, 영역 $\mathcal{D}$가 항상 왼쪽에 놓여 있으면 경계 C가 **양의 방향**(positive orientation)을 갖는다고 한다. 양의 방향이 아닌 방향을 **음의 방향**이라고 한다.

중심이 원점인 원판 $B = B(0, r)$의 경계 ∂B를 생각하면 시계 바늘이 도는 반대 방향이 양의 방향이고 시계 바늘이 도는 방향이 음의 방향이다.

함수 $f(z) = u(x, y) + iv(x, y)$가 경로 C에서 연속이고 C의 매개방정식

$$C : z = z(t) = x(t) + iy(t) \qquad (a \leq t \leq b)$$

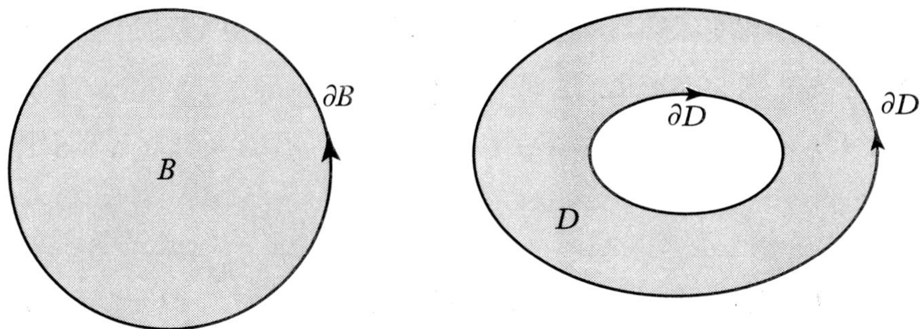

그림 5.3.

라고 하자. 그러면

$$\begin{aligned}\int_C f(z)\,dz &= \int_a^b f(z(t))z'(t)\,dt \\ &= \int_a^b (u(z(t)) + iv(z(t)))(x'(t) + iy'(t))\,dt \\ &= \int_a^b (ux' - vy')\,dt + i\int_a^b (uy' + vx')\,dt \qquad (5.5)\end{aligned}$$

다음과 같은 형태의 적분

$$\int_C P(x,y)\,dx + Q(x,y)\,dy$$

을 **선적분**(line integral)이라고 한다. 미분 $x'(t)dt = dx$, $y'(t)dt = dy$로부터 복소 선적분 (5.5)는 다음과 같이 나타낼 수 있다.

$$\int_C f(z)\,dz = \int_C u\,dx - v\,dy + i\int_C u\,dy + v\,dx$$

정리 5.2.3 (그린 정리, Green theorem) **R가 좌표평면 $\mathbb{R}^2$에서 단순 연결인 닫힌 구역(closed region)이라고 하자. 이변수 함수 $P(x,y)$와 $Q(x,y)$가 R에서 연속인 도함수를 갖고, R의 경계 $C := \partial R$가 경로이면**

$$\int_C P\,dx + Q\,dy = \iint_R \left(\frac{\partial Q}{\partial x}\text{이} - \frac{\partial P}{\partial y}\right) dxdy$$

여기서 좌변의 선적분은 C의 양의 방향을 따라 적분한 값이다.

증명. 구역 R가 직사각형 $C = \partial R$에 의해 둘러싸인 구역일 때에만 정리를 증명하고, 일반적인 경우는 참고문헌 [2]로 대신하기로 한다.

$C = C_1 + C_2 + C_3 + C_4$로 놓으면 C_1과 C_3에서 $dy = 0$이고, C_2와 C_4에서는 $dx = 0$이다. 따라서

$$\begin{aligned}\int_C P(x,y)\,dx + Q(x,y)\,dy &= \int_{x_0}^{x_1} P(x,y_0)\,dx + \int_{y_0}^{y_1} Q(x_1,y)\,dy \\ &\quad + \int_{x_1}^{x_0} P(x,y_1)\,dx + \int_{y_1}^{y_0} Q(x_0,y)\,dy\end{aligned}$$

이 적분을 다음과 같이 다시 나타낼 수 있다.

$$\begin{aligned}\int_C P(x,y)\,dx + Q(x,y)\,dy &= \int_{x_0}^{x_1} \{P(x,y_0) - P(x,y_1)\}\,dx \\ &\quad + \int_{y_0}^{y_1} \{Q(x_1,y) - Q(x_0,y)\}\,dy\end{aligned} \tag{5.6}$$

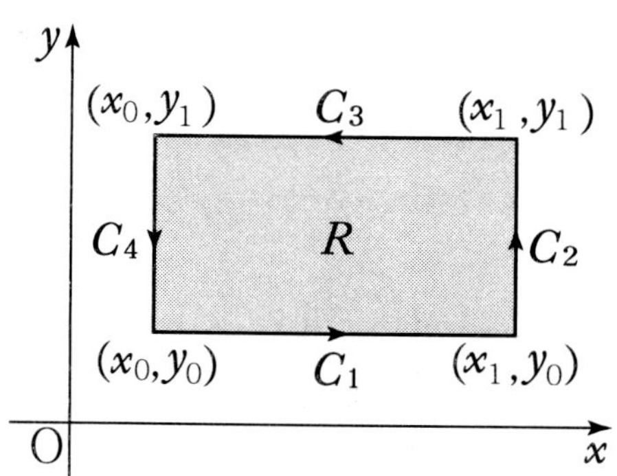

그림 5.4.

미적분학의 기본 정리를 적용하면 식 (5.6)의 우변은

$$\begin{aligned}\int_C P(x,y)\,dx + Q(x,y)\,dy &= \int_{x_0}^{x_1}\int_{y_0}^{y_1} -\frac{\partial P}{\partial y}\,dy\,dx + \int_{y_0}^{y_1}\int_{x_0}^{x_1} \frac{\partial Q}{\partial x}\,dx\,dy \\ &= \int_{y_0}^{y_1}\int_{x_0}^{x_1} \left(\frac{\partial Q}{\partial x} - \frac{\partial P}{\partial y}\right) dx\,dy \\ &= \int\int_R \left(\frac{\partial Q}{\partial x} - \frac{\partial P}{\partial y}\right) dx\,dy \qquad (5.7)\end{aligned}$$

두 번째 등식의 중적분에서 반복적분(iterated integral)을 적용하였다. ∎

정리 5.2.4 (코시, Cauchy) **복소함수 $f(z)$가 단순연결 영역 $\mathcal{D}$에서 해석적이고, 연속인 도함수를 가지면 $\mathcal{D}$에 속하는 임의의 폐곡선 C에서**

$$\int_C f(z)\,dz = 0$$

이다.

증명. 복소함수 $f(z)$를 $f(z) = u(x,y) + iv(x,y)$로 놓으면 코시-리만 방정식에 의해

$$f'(z) = \frac{\partial u}{\partial x} + i\frac{\partial v}{\partial x} = \frac{\partial v}{\partial y} - i\frac{\partial u}{\partial y} \tag{5.8}$$

도함수 $f'(z)$가 연속이므로 식 (5.8)에 있는 네 편도함수는 모두 연속이다. 증명을 간단하게 하기 위해 C가 단순 폐곡선이라고 가정하자. 이때 그린 정리를 식 (5.8)에 적용하면

$$\begin{aligned}\int_C f(z)\,dz &= \int_C u\,dx - v\,dy + i\int_C v\,dx + u\,dy \\ &= \iint_R \left(-\frac{\partial v}{\partial x} - \frac{\partial u}{\partial y}\right) dx\,dy + i\iint_R \left(\frac{\partial u}{\partial x} - \frac{\partial v}{\partial y}\right) dx\,dy\end{aligned}$$

여기서 R는 경로 C에 의해 둘러싸인 영역을 나타낸다. 식 (5.8)로부터 위의 적분이 모두 0임을 알 수 있다.

C가 단순 폐곡선이 아닌 경우에는 그린 정리의 일반화된 형태를 적용하면 코시 정리가 성립한다는 것을 보일 수 있다. ∎

따름정리 5.2.5 **정리** *5.2.4*의 **가정에서, C_1과 C_2가 시점과 종점이 일치하는 경로이면**

$$\int_{C_1} f(z)\,dz = \int_{C_2} f(z)\,dz$$

정리 5.2.6 함수 $f(z)$가 다중연결 영역과 그 경계 C에서 해석적이고 연속인 도함수를 가지면

$$\int_C f(z)\,dz = 0$$

여기서 선적분을 C를 따라 양의 방향으로 적분한 값이다.

증명. 그림과 같이 주어진 영역이 내부에 구멍이 하나 있다고 가정하자. 그러면 경계 C는 외부에 있는 경로 C_1과 내부에 있는 경로 C_2로 나뉘어진다. 두 경로 C_1과 C_2를 연결시키는 선분 AB를 택하면 다음과 같은 곡선

$$C_1 + \mathrm{AB} + C_2 + \mathrm{BA}$$

에 의해 둘러싸인 영역은 단순연결 영역이다. 따라서 정리 5.2.4에 의해

$$\begin{aligned}\int_C f(z)\,dz &= \oint_{C_1} f(z)\,dz + \int_{AB} f(z)\,dz \\ &\quad + \oint_{C_2} f(z)\,dz + \int_{BA} f(z)\,dz = 0\end{aligned}$$

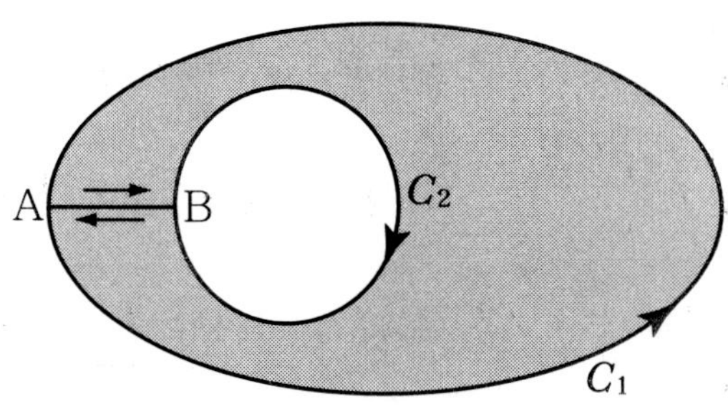

그림 5.5.

적분 경로의 방향을 바꾸면 적분값의 부호가 바뀌므로

$$\int_{AB} f(z)\,dz = -\int_{BA} f(z)\,dz$$

따라서

$$\int_{C_1+C_2} f(z)\,dz = \oint_{C_1} f(z)\,dz + \oint_{C_2} f(z)\,dz = 0$$

일반적으로 주어진 영역이 $(n-1)$개의 구멍을 갖는다고 하면 경계 C는 외부 경로 C_1과 $(n-1)$개의 내부에 있는 경로 $C_2, \cdots, C_n$으로 나뉘어진다. 각각의 경로를 잇는 선분을 택하면 위에서와 같이 적분값이 0임을 보일 수 있다. ∎

5.3 코시-구르사 정리

적분에 대한 코시 정리에 의하면 복소함수 $f(z)$가 단순연결 영역 $\mathcal{D}$에서 해석적이고, 연속인 도함수를 가지면 $\mathcal{D}$에 속하는 임의의 폐곡선 C에서

$$\int_C f(z)\,dz = 0$$

이다. 이 절에서는 적분에 대한 코시 정리를 일반화시킬 수 있는 방법에 대하여 알아보기로 한다. 코시 정리에서 피적분함수 $f(z)$의 도함수 $f'(z)$가 연속이라는 가정을 하지 않아도 똑같은 성질이 성립한다. 이를 구르사(Goursat)의 정리라고 한다. 우선 함수의 정의역이 직사각형의 내부와 그 경계를 포함하는 경우 구르사의 정리를 증명하기로 한다.

정리 5.3.1 **복소함수** $f(z)$**가 직사각형의 내부** R**와 경계** $C := \partial R$**를 포함하는 영역에서 해석적이면**

$$\int_C f(z)\,dz = 0$$

이다.

증명. (단계 1) 직사각형의 내부 R에 부등식

$$\left|\int_{C_n} f(z)\,dz\right| \geq \frac{\left|\int_C f(z)\,dz\right|}{4^n}$$

을 만족시키는 축소(nested) 직사각형 수열 $\{C_n\}$이 존재함을 보이자.

R를 네 개의 합동인 직사각형 $C^{(1)}, C^{(2)}, C^{(3)}, C^{(4)}$로 나누자. 서로 이웃하는 직사각형 $C^{(i)}$의 공통변에서의 적분은 서로 반대 방향으로 적분하기 때문에 상쇄된다. 따라서

$$\begin{aligned}\int_C f(z)\,dz &= \int_{C^{(1)}} f(z)\,dz + \int_{C^{(2)}} f(z)\,dz \\ &\quad + \int_{C^{(3)}} f(z)\,dz + \int_{C^{(4)}} f(z)\,dz\end{aligned}$$

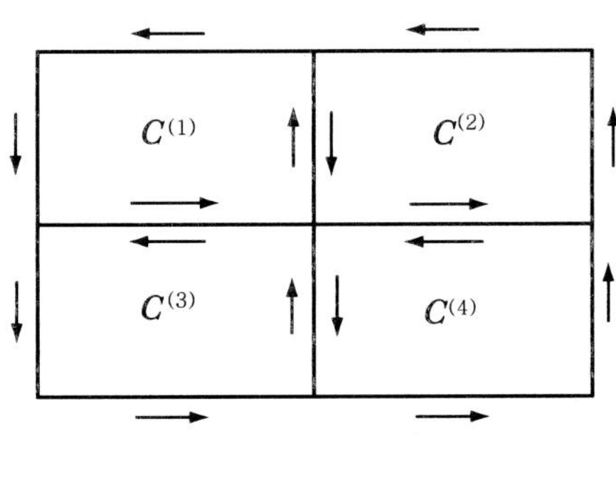

그림 5.6.

삼각부등식에 의해

$$\left|\int_C f(z)\,dz\right| \le \left|\int_{C^{(1)}} f(z)\,dz\right| + \left|\int_{C^{(2)}} f(z)\,dz\right| + \left|\int_{C^{(3)}} f(z)\,dz\right| + \left|\int_{C^{(4)}} f(z)\,dz\right| \tag{5.9}$$

따라서 식 (5.9)에 있는 네 개의 적분 중에 적어도 하나는 $\dfrac{\left|\int_C f(z)\,dz\right|}{4}$보다 크다. 이 성질을 만족시키는 것을 $\int_{C_1} f(z)\,dz$,라고 하자. 즉,

$$\left|\int_{C_1} f(z)\,dz\right| \ge \frac{\left|\int_C f(z)\,dz\right|}{4}$$

다음에 직사각형 C_1을 네 개의 합동인 사각형으로 나누면 위에서와 같이 적당한 부분 직사각형 C_2가 존재하여

$$\left|\int_{C_2} f(z)\,dz\right| \ge \frac{\left|\int_{C_1} f(z)\,dz\right|}{4} \ge \frac{\left|\int_C f(z)\,dz\right|}{4^2}$$

이 된다.

이와 같은 과정이 되풀이하여 반복하면 축소 직사각형 수열 $\{C_n\}$이 존재하여 다음을 만족시킨다.

$$\left|\int_{C_n} f(z)\,dz\right| \ge \frac{\left|\int_{C_{n-1}} f(z)\,dz\right|}{4} \ge \frac{\left|\int_C f(z)\,dz\right|}{4^n} \tag{5.10}$$

(단계 2) 직사각형 C_n의 내부가 점점 줄어들기 때문에 도움정리 2.3.3에 의해 $\bigcap_{n=1}^{\infty} \mathrm{Int}(C_n) = \{z_0\}$을 만족시키는 유일한 점 z_0이 존재한다. 각각의 n에 대하여

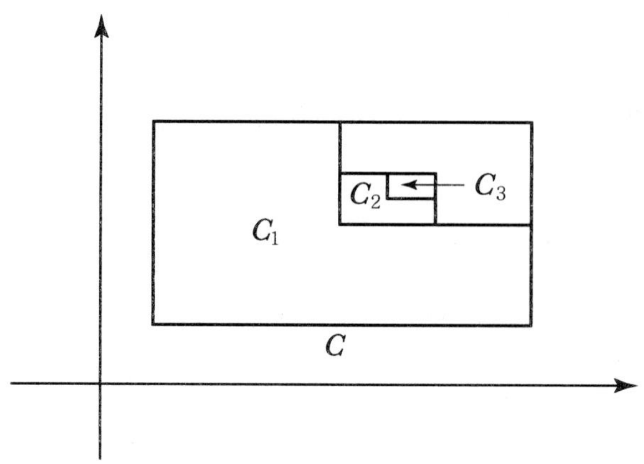

그림 5.7.

z_0은 직사각형 C_n 위에 놓여 있거나 C_n의 내부에 놓여 있다. 특히, z_0에서 $f(z)$가 해석적이므로 주어진 양수 $\epsilon > 0$에 대하여

$$f'(z_0) = \frac{f(z) - f(z_0)}{z - z_0} - \eta(z) \tag{5.11}$$

를 만족시키는 양수 $\delta > 0$이 존재한다. 여기서 $|z - z_0| < \delta$이면 $|\eta(z)| < \epsilon$이다. 식 (5.11)을 함수 $f(z)$에 대하여 나타낸 다음, C_n에서 적분하면

$$\begin{aligned} \int_{C_n} f(z)\,dz &= \int_{C_n} \{f(z_0) + f'(z_0)(z - z_0) + \eta(z)(z - z_0)\}\,dz \\ &= \int_{C_n} \{f(z_0) + f'(z_0)(z - z_0)\}\,dz \\ &\quad + \int_{C_n} \eta(z)(z - z_0)\,dz \end{aligned} \tag{5.12}$$

이 등식은 모든 자연수 n에 대하여 성립한다. 식 (5.12)의 우변에서 첫 번째 항에 있는 피적분함수는 연속인 도함수를 가지므로 코시 정리에 의해

$$\int_{C_n} \{f(z_0) + f'(z_0)(z - z_0)\}\,dz = 0$$

이다. 따라서 식 (5.12)는 다음과 같이 간단하게 주어진다.

$$\int_{C_n} f(z)\,dz = \int_{C_n} \eta(z)(z - z_0)\,dz$$

이제 $C_n \subset B(z_0, \delta)$이 성립하도록 충분히 큰 자연수 n을 택하면

$$\begin{aligned}\left|\int_{C_n} f(z)\,dz\right| &= \left|\int_{C_n} \eta(z)(z-z_0)\,dz\right| \\ &\le \int_{C_n} |\eta(z)|\,|z-z_0|\,|dz| \\ &\le \epsilon\int_{C_n} |z-z_0|\,|dz|\end{aligned}$$

직사각형 C_n의 대각선의 길이와 둘레의 길이를 각각 D_n과 L_n으로 나타내면 $z \in C_n$인 모든 z에 대하여 $|z-z_0| \le D_n$이고

$$\left|\int_{C_n} f(z)\,dz\right| \le \epsilon D_n L_n = \epsilon\frac{D}{2^n}\frac{L}{2^n} = \frac{\epsilon DL}{4^n} \tag{5.13}$$

이다. 여기서 D와 L은 직사각형 C의 대각선의 길이와 둘레의 길이를 나타낸다. 식 (5.13)과 식 (5.10)으로부터

$$\left|\int_C f(z)\,dz\right| \le 4^n\frac{\epsilon DL}{4^n} = \epsilon DL$$

ϵ은 임의의 양수이므로

$$\left|\int_C f(z)\,dz\right| = 0$$

이 성립한다. ■

정리 5.2.4와 정리 5.3.1을 비교하면 경로가 직사각형일 때 피적분함수의 도함수가 연속이라는 가정 없이도 코시 정리가 성립한다는 것을 의미한다. 다음 정리에 의하면 적분영역의 경계가 직사각형이 아닌 임의의 닫힌 경로에서도 성립한다. 이를 증명하기 위해서는 다음과 같은 미적분학의 기본정리가 필요하다.

정리 5.3.2 함수 $f(z)$가 영역 $\mathcal{D}$에서 연속이고 미분가능한 함수 $F(z)$에 대하여 $F'(z) = f(z)$라고 하자. 이때 $\mathcal{D}$에 속하는 경로 C의 매개방정식이 $z(t), a \le t \le b$이면

$$\int_C f(z)\,dz = F(z(b)) - F(z(a))$$

이다.

증명. 함수 $F(z)$가 $\mathcal{D}$에서 연속인 도함수를 가지므로

$$\begin{aligned}\int_C f(z)\,dz = \int_C F'(z)\,dz &= \int_a^b F'(z(t))z'(t)\,dt \\ &= \int_a^b \frac{d}{dt}(F(z(t)))\,dt \\ &= F(z(b)) - F(z(a))\end{aligned}$$

■

정리 5.3.3 함수 $f(z)$가 닫힌 원판 $|z-z_0| \le r$를 포함하는 영역에서 해석적이면

$$\int_{|z-z_0|=r} f(z)\,dz = 0$$

이다.

증명. $z_0 = x_0 + iy_0$으로 놓자. 정리 5.3.2에 의해 $|z-z_0| \le r$에서 $F'(z) = f(z)$를 만족시키는 함수 $F(z)$의 존재성을 보이면 된다. 원판에서 한 점 $z = x + iy$를 택하고, 점 z_0과 점 $x + iy_0$를 잇는 수평 선분과 점 $x + iy_0$과 점 $x + iy$를 잇는 수직 선분의 합을 경로 C_1이라고 하자. 또, 점 $z_0 = x_0 + iy_0$와 점 $x_0 + iy$를 잇는 수직 선분과 점 $x_0 + iy$와 점 $x + iy$를 잇는 수평 선분의 합을 C_2라고 하자.

이때 함수 $F(z)$를

$$\begin{aligned}F(z) &= \int_{C_1} f(z)\,dz \\ &= \int_{x_0}^{x} f(t+iy_0)\,dt + \int_{y_0}^{y} f(x+it)i\,dt \qquad (5.14)\end{aligned}$$

로 정의하자. 정리 5.3.1에 의해

$$\begin{aligned}\int_{C_1-C_2} f(z)\,dz &= \int_{C_1} f(z)\,dz + \int_{-C_2} f(z)\,dz \\ &= \int_{C_1} f(z)\,dz - \int_{C_2} f(z)\,dz = 0\end{aligned}$$

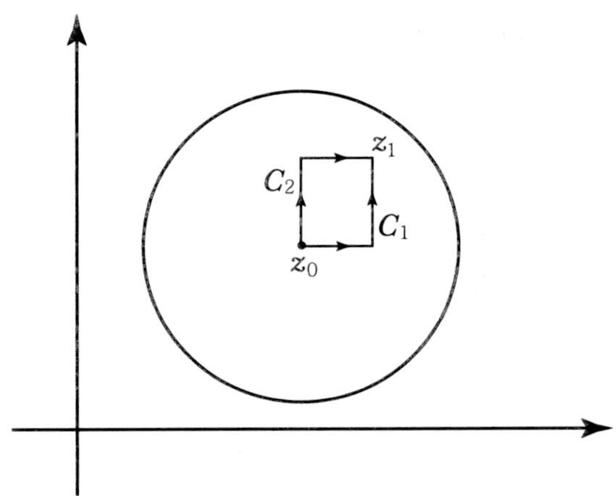

그림 5.8.

이다. 따라서 함수 $F(z)$는

$$\begin{aligned} F(z) &= \int_{C_2} f(z)\,dz \\ &= \int_{y_0}^{y} f(x_0+it)\,i\,dt + \int_{x_0}^{x} f(t+iy)\,dt \end{aligned} \tag{5.15}$$

로 나타낼 수도 있다. 식 (5.14)에서 y에 대한 $F(z)$의 편도함수를 구하면

$$\begin{aligned} \frac{\partial F}{\partial y} &= \frac{\partial}{\partial y}\left(\int_{y_0}^{y} f(x+it)i\,dt\right) \\ &= if(x+iy) = if(z) \end{aligned} \tag{5.16}$$

같은 방법으로 식 (5.15)에서 y에 대한 $F(z)$의 편도함수를 구하면

$$\begin{aligned} \frac{\partial F}{\partial x} &= \frac{\partial}{\partial x}\left(\int_{x_0}^{x} f(t+iy)\,dt\right) \\ &= f(x+iy) = f(z) \end{aligned} \tag{5.17}$$

식 (5.16)과 식 (5.17)로부터

$$\frac{\partial F}{\partial x} = -i\frac{\partial F}{\partial y} = f(z) \tag{5.18}$$

식 (5.18)는 함수 $F(z)$에 대한 코시-리만 방정식이다. 더욱이, 편도함수 $\dfrac{\partial F}{\partial x}$와 $\dfrac{\partial F}{\partial y}$의 연속성은 함수 $f(z)$의 연속성으로부터 성립한다. 그러므로 정리 4.2.4에 의

해 $F(z)$는 원판 $|z-z_0| \le r$에서 해석적이고 $F'(z) = f(z)$이다. ∎

정리 5.3.4 (코시-구르사 정리, Cauchy-Goursat's theorem) **함수 $f(z)$가 단순연결 영역 $\mathcal{D}$에서 해석적이면 $\mathcal{D}$에 속하는 임의의 닫힌 경로 C에 대하여**

$$\int_C f(z)\,dz = 0$$

이다.

증명. 정리 5.3.2에 의해 영역 $\mathcal{D}$에서 $F'(z) = f(z)$를 만족시키는 함수 $F(z)$를 구하면 된다. 한 점 $z_0 \in \mathcal{D}$을 고정하고 임의의 점 $z \in \mathcal{D}$에 대하여 함수 $F(z)$를

$$F(z) = \int_C f(z)\,dz$$

로 정의하자. 여기서 C는 점 z_0과 점 z를 잇는 $\mathcal{D}$에 속하는 경로로 수직 선분과 수평 선분만을 포함하고 있다고 가정해도 된다. 그러면 $F(z)$는 $\mathcal{D}$에서 잘 정의된 해석함수이고 $F'(z) = f(z)$이다. ∎

연습문제

1. C가 단순 폐곡선이고 z_0이 C의 내부에 있는 점일 때, 적분 $\displaystyle\int_C \frac{1}{z-z_0}\,dz$를 구하시오. 또, 이것이 코시-구르사 정리의 반례가 되지 않음을 설명하시오.

2. 경로 C가 다음과 같을 때 적분 $\displaystyle\int_C \frac{dz}{1+z^2}$를 구하시오.

(a) $|z-i| = 1$

(b) $|z+i| = 1$

(c) $|z| = 2$

(d) $|z-1| = 1$

3. $\mathrm{Re}\, z_0 > 0$이고 $\mathrm{Re}\, z_1 > 0$일 때, 영역 $A = \{z \in \mathbb{C} : \mathrm{Re}\, z > 0\}$에 속하는 경로 C에 대하여 적분

$$\int_{z_0}^{z_1} \frac{1}{z}\, dz$$

를 구하시오.

4. 다음 적분을 구하시오.

(1) $\displaystyle\int_{|z|=\frac{1}{2}} \frac{dz}{(1-z)^3}$

(2) $\displaystyle\int_{|z+1|=\frac{1}{2}} \frac{dz}{(1-z)^3}$

(3) $\displaystyle\int_{|z-1|=\frac{1}{2}} \frac{dz}{(1-z)^3}$

5. 함수 $f(z)$가 단순연결영역 $\mathcal{D}$에서 해석적이고 모든 $z \in \mathcal{D}$에 대하여 $f(z) \neq 0$이면

$$e^{g(z)} = f(z)$$

를 만족시키는 해석함수 $g(z)$가 $\mathcal{D}$에서 존재함을 보이시오.

제 6 장

코시 정리의 응용

6.1 코시의 적분 공식

코시-구르사 정리에 의하면 함수 $f(z)$가 영역 $\mathcal{D}$에서 해석적일 때 $\mathcal{D}$에 속하는 임의의 경로 C에서 함수 $f(z)$의 적분은 0이다. 이 절에서는 복소함수 $f(z)$가 영역 $\mathcal{D}$의 특정한 점에서 해석적이지 않을 때 복소적분의 값을 알아보기로 한다. 해석적이지 않은 점을 포함하는 함수의 복소적분에 대한 공식을 코시 적분 공식이라고 한다. 우선 코시 적분 공식의 특별한 경우에 대하여 알아 보자.

보기 6.1.1 경로 C가 점 z_0을 내점으로 갖는 단순 폐경로이면

$$\int_C \frac{1}{z-z_o}\,dz = 2\pi i$$

이다.

풀이. 양수 $\epsilon > 0$에 대하여 원 $C_1 : |z - z_o| = \epsilon$이 경로 C의 내부에 포함된다고 하자. 함수 $f(z) = \dfrac{1}{z-z_0}$은 경로 C와 원 $|z - z_0| = \epsilon$에 의해 둘러싸인 다중연결 영역에서 해석적이다 (그림 6.1 참고). 따라서 코시 정리(정리 5.2.6)에 의해

$$0 = \int_{C+C_1} \frac{1}{z-z_0}\,dz = \int_C \frac{1}{z-z_0}\,dz - \int_{C_1} \frac{1}{z-z_0}\,dz$$

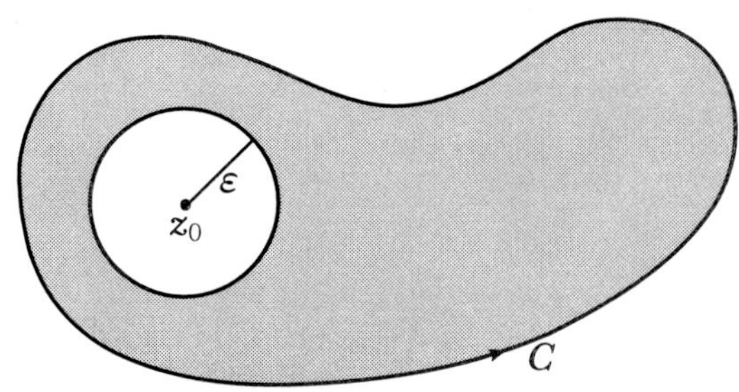

그림 6.1.

여기서 두 번째 적분은 시계바늘이 도는 방향으로 적분한 값이다. 그러므로

$$\int_C \frac{1}{z-z_0}\,dz = \int_{C_1} \frac{1}{z-z_0}\,dz$$

원 C_1의 매개방정식을 $z(t) = z_0 + \epsilon e^{it}$ $(0 \le t \le 2\pi)$로 택하면

$$\int_C \frac{1}{z-z_o}\,dz = \int_{C_1} \frac{1}{z-z_o}\,dz = \int_0^{2\pi} \frac{z'(t)}{z(t)-z_0}\,dt = \int_0^{2\pi} \frac{i\epsilon e^{it}}{\epsilon e^{it}}\,dt = 2\pi i$$

■

보기 6.1.1을 일반화시킨 것을 코시 적분 공식이라고 한다.

정리 6.1.1 (코시 적분 공식) 함수 $f(z)$가 단순 폐경로 C를 포함하는 단순 연결 영역에서 해석적이라고 하자. 점 z_0가 C의 내부에 놓여 있으면

$$f(z_0) = \frac{1}{2\pi i}\int_C \frac{f(z)}{z-z_o}\,dz$$

참고 6.1.2 정리 6.1.1에서 $f(z) \equiv 1$로 놓으면 보기 6.1.1을 얻는다.

정리 6.1.1의 증명. 양수 $\epsilon > 0$에 대하여 함수 $f(z)$가 z_0에서 연속이므로 충분히 작은 양수 $r > 0$이 존재하여 원 $C_1 : |z-z_0| = r$가 경로 C의 내부에 놓여 있고, C_1에서

$$|f(z) - f(z_0)| < \epsilon$$

을 만족시킨다. 다중연결 영역에서의 코시 정리에 의해

$$\int_C \frac{f(z)}{z-z_0}\,dz = \int_{C_1} \frac{f(z)}{z-z_0}\,dz$$

따라서

$$\begin{aligned}\int_C \frac{f(z)}{z-z_0}\,dz &= \int_{C_1} \frac{f(z_0)+(f(z)-f(z_0))}{z-z_0}\,dz \\ &= \int_{C_1} \frac{f(z_0)}{z-z_0}\,dz + \int_{C_1} \frac{f(z)-f(z_0)}{z-z_0}\,dz\end{aligned}$$

보기 6.1.1로부터 $\int_{C_1} \frac{dz}{z-z_0} = 2\pi i$이므로

$$\int_{C_1} \frac{f(z)}{z-z_0}\,dz = 2\pi i f(z_0) + \int_{C_1} \frac{f(z)-f(z_0)}{z-z_0}\,dz$$

한편 $f(z)$의 연속성으로부터

$$\begin{aligned}\left|\int_{C_1} \frac{f(z)-f(z_0)}{z-z_0}\,dz\right| &\le \int_{C_1} \frac{|f(z)-f(z_0)|}{|z-z_0|}\,|dz| \\ &< \frac{\epsilon}{r}\int_{C_1} |dz| = \frac{\epsilon}{r}(2\pi r) = 2\pi\epsilon\end{aligned}$$

ϵ은 임의의 양수이므로 $\epsilon \to 0$이면

$$\int_{C_1} \frac{f(z)}{z-z_0}\,dz = 2\pi i f(z_0)$$

이다. ∎

코시 적분 공식을 귀납적으로 적용하면 해석함수는 무한히 미분가능하고 그 도함수는 다음과 같이 적분으로 주어진다.

정리 6.1.3 (코시 적분 공식 II) **함수 $f(z)$가 단순 폐경로 C를 포함하는 단순연결 영역에서 해석적이라고 하면 C의 내부에 있는 임의의 점 z_0에서 무한히 미분가능하고 n계 도함수 $f^{(n)}(z_0)$은**

$$f^{(n)}(z_o) = \frac{n!}{2\pi i}\int_C \frac{f(z)}{(z-z_o)^{n+1}}\,dz$$

이다.

증명. 절댓값이 충분히 작은 복소수 h를 택하면 z_0+h가 경로 C의 내부에 포함된다고 가정해도 된다. 그러면 코시 적분 공식에 의해

$$f(z_0+h)=\frac{1}{2\pi i}\int_C \frac{f(z)}{z-(z_0+h)}\,dz$$

따라서

$$(6.1)\qquad \begin{aligned}\frac{f(z_0+h)-f(z_0)}{h} &= \frac{\frac{1}{2\pi i}\int_C\left(\frac{1}{z-z_0-h}-\frac{1}{z-z_0}\right)f(z)\,dz}{h}\\ &= \frac{1}{2\pi i}\int_C \frac{f(z)}{(z-z_0-h)(z-z_0)}\,dz\end{aligned}$$

$h\to 0$이면 위의 식에서 피적분함수는 $\dfrac{f(z)}{(z-z_0)^2}$으로 수렴하므로 다음 값을 원하는 만큼 작게 만들 수 있다는 것을 보이면 된다.

$$(6.2)\qquad \begin{aligned}&\left|\frac{1}{2\pi i}\int_C \frac{f(z)}{(z-z_0-h)(z-z_0)}\,dz-\frac{1}{2\pi i}\int_C\frac{f(z)}{(z-z_0)^2}\,dz\right|\\ &=\left|\frac{h}{2\pi i}\int_C\frac{f(z)}{(z-z_0)^2(z-z_0-h)}\,dz\right|\end{aligned}$$

경로 C의 내부에 포함되어 있는 원 $C_1 : |z-z_0|=r$에 대하여 $|h|\le\dfrac{r}{2}$가 되도록 h를 택하자. 다중연결 영역에 대한 코시 정리에 의해

$$\frac{h}{2\pi i}\int_C\frac{f(z)}{(z-z_0)^2(z-z_0-h)}\,dz=\frac{h}{2\pi i}\int_{C_1}\frac{f(z)}{(z-z_0)^2(z-z_0-h)}\,dz$$

$f(z)$가 C_1에서 연속이므로 유계이다. 따라서 양수 M에 대하여 C_1에서 $|f(z)|\le M$이라고 가정해도 된다. 이로부터 식 (6.2)의 좌변은 다음 값에 의해 위로 유계이다.

$$\begin{aligned}\frac{|h|}{2\pi}\int_{C_1}\frac{|f(z)|}{|z-z_0|^2|z-z_0-h|}\,|dz| &\le \frac{|h|M}{2\pi r^2}\int_{C_1}\frac{|dz|}{|z-z_0|-|h|}\\ &\le \frac{|h|M}{\pi r^3}\int_{C_1}|dz|\\ &= |h|\left(\frac{2M}{r^2}\right)\end{aligned}$$

$|h| \to 0$이면 식 (6.2)는 0으로 수렴하므로 식 (6.1)로부터

$$f'(z_0) = \lim_{h\to 0} \frac{1}{2\pi i}\int_C \frac{f(z)}{(z-z_0-h)(z-z_0)}\,dz = \frac{1}{2\pi i}\int_C \frac{f(z)}{(z-z_0)^2}\,dz \tag{6.3}$$

다음에 식 (6.3)으로부터

$$\frac{f'(z_z+h)-f'(z_0)}{h} = \frac{1}{2\pi i}\int_C \frac{\{2(z-z_0)-h\}f(z)}{(z-z_0)^2(z-z_0-h)}\,dz \tag{6.4}$$

위에서와 같이 $h \to 0$이면 식 (6.4)로부터

$$f''(z_0) = \frac{2}{2\pi i}\int_C \frac{f(z)}{(z-z_0)^3}\,dz \tag{6.5}$$

임을 알 수 있다. 자연수 n에 대한 수학적 귀납법을 적용하면

$$f^{(n)}(z_0) = \frac{n!}{2\pi i}\int_C \frac{f(z)}{(z-z_0)^{n+1}}\,dz$$

이 성립함을 알 수 있다. ∎

보기 6.1.2 적분

$$\int_{|z|=2} \frac{z-3\cos z}{(z-\frac{\pi}{2})^2}\,dz$$

를 구하여라.

풀이. 함수 $f(z)$를 $f(z) = z - 3\cos z$로 놓으면 코시 적분 공식으로부터

$$\int_{|z|=2} \frac{z-3\cos z}{(z-\frac{\pi}{2})^2}\,dz = 2\pi i f'\left(\frac{\pi}{2}\right) = 8\pi i$$

∎

5장에 있는 코시 정리(정리 5.3.4)를 들여다보면 점 z_0를 포함하는 단순 폐경로 C에서 함수 $f(z)$의 적분이

$$\int_C f(z)\,dz = 0$$

이면 $f(z)$가 점 z_0에서 해석적일 것으로 기대할 수 있다. 그러나 이것은 성립하지 않는다. 예를 들어, 원점을 내점으로 포함하는 임의의 경로 C에 대하여

$$\int_C \frac{1}{z^2}\,dz = 0 \tag{6.6}$$

이지만 $\dfrac{1}{z^2}$은 원점 $z = 0$에서 해석적이지 않다. 적분식 (6.6)이 성립함을 보이자. 충분히 작은 양수 $\epsilon > 0$에 대하여 원 $|z| = \epsilon$이 C의 내부에 포함된다고 가정할 수 있다. 그러면 함수 $f(z)$는 경로 C와 원 $|z| = \epsilon$에 의해 둘러싸인 고리(annulus)에서 해석적이므로 코시 정리에 의해

$$\begin{aligned}
\int_C \frac{1}{z^2}\,dz &= \int_{|z|=\epsilon} \frac{1}{z^2}\,dz = \int_0^{2\pi} \frac{i\epsilon e^{i\theta}}{\epsilon^2 e^{2i\theta}}\,d\theta \\
&= \frac{i}{\epsilon}\int_0^{2\pi} e^{-i\theta}\,d\theta = 0
\end{aligned}$$

이다.

함수 $f(z)$의 연속성을 가정하면 코시 정리의 역이 성립한다.

정리 6.1.4 (모레라 정리, Morera's theorem) **함수 $f(z)$가 영역 $\mathcal{D}$에서 연속이라고 하자. $\mathcal{D}$에 속하는 임의의 단순 폐경로 C에서 $\displaystyle\int_C f(z)\,dz = 0$이면 $f(z)$는 $f(z)$ $\mathcal{D}$에서 해석적이다.**

증명. 영역 $\mathcal{D}$의 내부에서 한 점 z_0을 택하여 고정하자. 임의의 점 $z \in \mathcal{D}$에 대하여 함수 $F(z)$를

$$F(z) = \int_{z_0}^{z} f(\xi)\,d\xi$$

로 정의하자. 적분에 대한 가정으로부터 적분 $\int_{z_0}^{z}$는 z_0에서 z로 가는 경로의 선택에 관계없이 잘 정의되므로 함수 $F(z)$는 잘 정의되는 함수이다. $z_0 + h \in \mathcal{D}$이도록 충분히 작은 h를 택하면

$$\begin{aligned}
\frac{F(z+h) - F(z)}{h} &= \frac{1}{h}\left[\int_{z_0}^{z+h} f(\xi)\,d\xi - \int_{z_0}^{z} f(\xi)\,d\xi\right] \\
&= \frac{1}{h}\int_{z}^{z+h} f(\xi)\,d\xi
\end{aligned}$$

따라서

$$\frac{F(z+h)-F(z)}{h} - f(z) = \frac{1}{h}\int_z^{z+h} (f(\xi)-f(z))\,d\xi \tag{6.7}$$

여기서 점 z에서 $z+h$까지의 경로는 선분을 나타낸다. $f(z)$가 연속함수이므로 $|h|$가 충분히 작으면 $|f(\xi)-f(z)|<\epsilon$이라고 가정해도 된다. 그러면

$$\left|\frac{F(z+h)-F(z)}{h} - f(z)\right| < \frac{1}{|h|}\epsilon|h| = \epsilon$$

그러므로 $F(z)$는 해석함수이고 $F'(z)=f(z)$이다. 더욱이 함수 $F(z)$는 모든 차수의 도함수를 가지므로 $F''(z)=f'(z)$이다. 따라서 $f(z)$는 해석함수이다. ∎

따름정리 6.1.5 **함수 $f(z)$가 단순연결 영역 $\mathcal{D}$에서 해석적이고 $z_0 \in \mathcal{D}$이면 함수 $F(z)=\int_{z_o}^{z} f(\zeta)\,d\zeta$는 $\mathcal{D}$에서 해석적이다.**

연습문제

1. 경로 C가 $|z|=3$일 때, 다음 적분값을 구하시오.

(1) $\displaystyle\int_C \frac{e^z}{z-2}\,dz$

(2) $\displaystyle\int_C \frac{e^{z^2}}{(z-2)^2}\,dz$

(3) $\displaystyle\int_C \frac{e^z \sin z}{(z-2)^2}\,dz$

(4) $\displaystyle\int_C \frac{3z^4+2z-6}{(z-2)^3}\,dz$

2. 인수분해를 이용하여 다음 적분값을 구하시오.

(1) $\displaystyle\int_{|z|=2} \frac{1}{z^2-1}\,dz$

(2) $\displaystyle\int_{|z|=2} \frac{1}{z^2+1}\,dz$

(3) $\displaystyle\int_{|z|=2} \frac{1}{z^4-1}\,dz$

(4) $\displaystyle\int_{|z|=3} \frac{z^3+3z-1}{(z-1)(z+2)}\,dz$

6.2 코시 부등식과 응용

실숫값을 갖는 미분가능한 함수는 그 도함수의 성질로부터 함수의 특성을 파악할 수 있다. 예를 들어 도함수가 양수이면 주어진 함수는 증가함수이다. 복소수 값을 갖는 해석함수의 경우에는 그 역고 가능하다. 즉, 해석함수의 성질로부터 그 도함수의 성질이나 크기 등을 파악할 수 있다.

정리 6.2.1 (코시 부등식) **함수** $f(z)$**가 중심이** z_0**이고 반지름의 길이가** r**인 원** C**의 내부와** C**에서 해석적이라고 하자.** C**에서** $|f(z)| \leq M$**이면**

$$|f^{(n)}(z_o)| \leq \frac{Mn!}{r^n}$$

이다.

증명. 코시 적분 공식

$$f^{(n)}(z_0) = \frac{n!}{2\pi i} \int_C \frac{f(z)}{(z - z_0)^{n+1}} dz$$

에서 절댓값을 택하면

$$\begin{aligned} \left| f^{(n)}(z_0) \right| &\leq \frac{n!}{2\pi} \int_C \frac{|f(z)|}{|z - z_0|^{n+1}} |dz| \\ &\leq \frac{n!M}{2\pi r^{n+1}} \int_C |dz| = \frac{n!M}{2\pi r^{n+1}} (2\pi r) = \frac{n!M}{2\pi r^n} \end{aligned}$$

∎

정리 6.2.2 (리우빌, Liouville) **유계인 정함수**(entire function)**는 상수뿐이다.**

증명. 함수 $f(z)$가 $|f(z)| \leq M$인 정함수라고 하자. 임의의 점 z_0에 대하여 중심이 z_0이고 반지름의 길이가 r인 원 C를 택하면 코시 부등식(정리 6.2.1)에 의해

$$|f'(z_0)| \leq \frac{M}{r}$$

이때 $r \to \infty$이면 $f'(z_0) = 0$이다. z_0은 임의의 점이므로 f는 상수함수이다. ∎

정리 6.2.3 $f(z)$**가 상수가 아닌 정함수라고 하자. 임의의** $a \in \mathbb{C}$**와 임의의 양수** $\epsilon > 0$**에 대하여** $|f(z) - a| < \epsilon$**을 만족시키는** $z \in \mathbb{C}$**가 존재한다.**

증명. 결론을 부정하여 양수 $\epsilon > 0$과 복소수 a가 존재하여 모든 복소수 z에 대하여

$$|f(z) - a| \geq \epsilon$$

이라고 하자. 그러면 함수 $g(z) := \dfrac{1}{f(z) - a}$은 정함수이고

$$|g(z)| = \frac{1}{|f(z) - a|} \leq \frac{1}{\epsilon}$$

이다. 리유빌 정리 (정리 6.2.2)에 의해 $g(z)$는 상수함수이다. 따라서 $f(z) = \dfrac{1}{g(z)} + a$도 상수함수이므로 모순이다. ∎

정리 6.2.4 **함수** $f(z)$**가 상수가 아닌 정함수라고 하자. 임의의 복소수** $a \in \mathbb{C}$**에 대하여** $f(z_n) \to a$**인 수열** $\{z_n\}$**이 존재한다.**

증명. 자연수 n에 대하여 $\epsilon = \frac{1}{n}$을 택한 다음, 정리 6.2.3을 적용하면 된다. ∎

리피까르(Picard) 정에 의하면 다음 정리가 성립한다:

$f(z)$가 상수가 아닌 정함수이면 $\mathrm{Im}(f) = \mathbb{C}$ 또는 $\mathrm{Im}(f) = \mathbb{C} - \{z_0\}, z_0 \in \mathbb{C}$.

정리 6.2.5 (대수학의 기본 정리) $P(z)$**가 상수가 아닌 다항함수이면 방정식** $P(z) = 0$**을 만족시키는** z**가 적어도 하나 존재한다.**

대수학의 기본정리(정리 6.2.5)를 증명하기 위해서는 다항함수의 유계성과 관련된 다음 정리가 필요하다.

정리 6.2.6 **다항함수** $P(z)$**가** $P(z) = a_0 + a_1 z + \cdots + a_n z^n$ **(단,** $a_n \neq 0$**)이라고 하자. 그러면 충분히 큰 원** $|z| = r$**에 대하여**

$$\frac{|a_n|}{2} r^n \leq |P(z)| \leq \frac{3|a_n|}{2} r^n$$

이 성립한다.

증명. 다항함수 $P(z)$를 다음과 같이 나타낼 수 있다.

$$P(z) = z^n \left(a_n + \frac{a_{n-1}}{z} + \frac{a_{n-2}}{z^2} + \cdots + \frac{a_0}{z^n}\right)$$

$|z| = r$일 때, 삼각부등식에 의해

$$\begin{aligned} & r^n \left(|a_n| - \left|\frac{a_{n-1}}{z} + \frac{a_{n-2}}{z^2} + \cdots + \frac{a_0}{z^n}\right|\right) \\ \leq\ & |P(z)| \\ \leq\ & r^n \left(|a_n| + \left|\frac{a_{n-1}}{z} + \frac{a_{n-2}}{z^2} + \cdots + \frac{a_0}{z^n}\right|\right) \end{aligned}$$

$r > 1$이면

$$\left|\frac{a_{n-1}}{z} + \frac{a_{n-2}}{z^2} + \cdots + \frac{a_0}{z^n}\right| \leq \frac{|a_{n-1}| + |a_{n-2}| + \cdots + |a_0|}{r} =: \frac{K}{r}$$

이므로

$$r^n \left(|a_n| - \frac{K}{r}\right) \leq |P(z)| \leq r^n \left(|a_n| + \frac{K}{r}\right)$$

따라서 정리는 $\dfrac{K}{r} < \dfrac{|a_n|}{2}$일 때 즉, $r > \dfrac{2K}{|a_n|}$이면 성립한다. ∎

정리 6.2.5의 증명. 다항함수 $P(z)$를 $P(z) = a_0 + a_1 z + \cdots + a_n z^n$ (단, $a_n \neq 0$)으로 놓자. 만일 모든 z에 대하여 $P(z)$가 0이 아니라고 가정하면, 역수 함수 $\dfrac{1}{P(z)}$은 정함수(entire)이다. 정리 6.2.6에 의해 $z \to \infty$이면 $\dfrac{1}{P(z)} \to 0$이다. 따라서 충분히 큰 양수 $R > 0$에 대하여 $|z| \geq R$ 이면 $\dfrac{1}{P(z)} < 1$이 된다. 또한, $\dfrac{1}{P(z)}$은 옹골집합 $|z| \leq R$에서 연속이므로 유계이다. 즉, $\dfrac{1}{P(z)}$은 복소평면 $\mathbb{C}$ 전체에서 유계인 정함수이다. 따라서 리우빌 정리에 의해 $\dfrac{1}{P(z)}$은 상수함수이다. 이것은 다항함수 $P(z)$가 상수함수가 아니라는 가정에 모순이다. ∎

따름정리 6.2.7 $P(z)$**가** n**차 다항함수이면 방정식** $P(z) = 0$**은** n**개의 근을 갖는다.**

따름정리 6.2.7에 의해 $P(z)$가 n차 다항함수이면 n 개의 복소수 $z_1, \cdots, z_n$이 존재하여

$$P(z) = a_n(z - z_1)(z - z_2)\cdots(z - z_n)$$

으로 나타낼 수 있다. 이때 몇 개의 z_i들은 서로 같을 수도 있다.

따름정리 6.2.8 **$P(z)$가 n차 다항함수이면 임의의 복소수 $a \in \mathbb{C}$에 대하여 $P(z) = a$를 만족시키는 n개의 복소수 $z_1, \cdots, z_n \in \mathbb{C}$가 존재한다.**

연습문제

1. $f(z)$가 정함수이고 모든 z에 대하여 $|f(z)| \leq |e^z|$이면 $f(z) = Ke^z$을 만족시키는 상수 K, $|K| \leq 1$가 존재함을 보이시오.

2. $f(z)$가 정함수이고 $\mathrm{Im}(f) \leq 0$이면 $f(z)$는 상수함수임을 보이시오. (**도움말:** 정리 6.2.3)

3. $f(z)$가 정함수이고 $\displaystyle\lim_{z\to\infty} \frac{f(z)}{z} = 0$이면 $f(z)$는 상수함수임을 보이시오.

4. $f(z)$가 정함수이고 상수 M과 충분히 큰 $|z|$에 대하여

$$|f(z)| \leq M|z|^n \quad (\text{단, } n\text{은 양의 정수})$$

이면 $f(z)$는 다항함수임을 보이시오.

5. 함수 $f(z)$가 $|z| < 1$에서 해석적이고 $|f(z)| \leq 1$이면

$$|f'(0)| \leq 1$$

임을 증명하시오.

6. 함수 $f(z)$가 정함수이고 모든 $z \in \mathbb{C}$에 대하여 $|f(z)| \geq 1$이면 $f(z)$는 상수함수임을 보이시오.

6.3 최대·최소의 원리

미적분학이나 해석학에서 배운 '적분에 대한 평균값의 정리' (mean-value theorem)를 살펴보자. 실숫값을 갖는 함수 $f(x)$가 닫힌 구간 $[a,b]$에서 연속이고 $F'(x) = f(x)$이면

$$\frac{1}{b-a}\int_a^b f(x)\,dx = \frac{F(b)-F(a)}{b-a} = f(c) \tag{6.8}$$

를 만족시키는 실수 $c \in (a,b)$가 존재한다. 식 (6.8)의 좌변을 함수 $f(z)$의 구간 $[a,b]$에서의 '평균'이라고 한다.

복소해석학의 해석함수에 대해서도 똑같은 성질이 성립한다.

정리 6.3.1 (가우스의 평균값 정리) 함수 $f(z)$가 닫힌 원판 $|z-z_0| \le r$에서 해석적이면

$$f(z_0) = \frac{1}{2\pi}\int_0^{2\pi} f(z_0 + re^{i\theta})\,d\theta$$

이다.

증명. 코시 적분 공식에 의해

$$f(z_0) = \frac{1}{2\pi i}\int_{|z-z_0|=r} \frac{f(z)}{z-z_0}\,dz$$

이때 극좌표를 이용하여 $z = z_0 + re^{i\theta}$로 놓으면

$$f(z_0) = \frac{1}{2\pi i}\int_0^{2\pi} \frac{f(z_0+re^{i\theta})}{re^{i\theta}}\,ire^{i\theta}\,d\theta = \frac{1}{2\pi}\int_0^{2\pi} f(z_0+re^{i\theta})\,d\theta$$

∎

정리 6.3.2 (최대 원리, maximum principle) 함수 $f(z)$가 영역 $\mathcal{D}$에서 해석적이고 상수함수가 아니면 $|f(z)|$는 영역 $\mathcal{D}$의 내부에서 최댓값을 가질 수 없다.

증명. 함수 $|f(z)|$가 $\mathcal{D}$의 내부에 있는 점 z_0에서 최댓값을 갖는다고 가정하자. $|z-z_0| \le R$가 영역 $\mathcal{D}$에 포함되도록 양수 R를 택하자. $0 \le r \le R$에 대하여 가우스의 평균값 정리를 적용하면

$$f(z_0) = \frac{1}{2\pi}\int_0^{2\pi} f(z_0 + re^{i\theta})\, d\theta$$

가정에 의해 $|f(z_0 + re^{i\theta})| \le |f(z_0)|$이다. 만일 한 점 $z = z_0 + r_1 e^{i\theta_1}(r_1 \le R)$에서

$$|f(z_0 + r_1 e^{i\theta_1})| < |f(z_0)|$$

이면 연속성에 의해 원 $|z - z_0| = r_1$의 호에서 부등식이 성립한다. 따라서

$$|f(z_0)| \le \frac{1}{2\pi}\int_0^{2\pi} |f(z_0 + r_1 e^{i\theta_1})|\, d\theta < \frac{1}{2\pi}\int_0^{2\pi} |f(z_0)| d\theta = |f(z_0)|$$

이므로 모순이다. 따라서 함수 $f(z)$는 원판 $|z - z_0| \le R$에서 상수함수이다. 이로부터 함수 $f(z)$는 영역 $\mathcal{D}$ 전체에서 상수함수임을 알 수 있다. ∎

따름정리 6.3.3 함수 $f(z)$가 영역 $\mathcal{D}$에서 해석적이고 폐포 $\overline{\mathcal{D}}$에서 연속이면 $|f(z)|$는 경계 ∂D에서 최댓값을 갖는다.

정리 6.3.4 (최소 원리) 함수 $f(z)$가 영역 $\mathcal{D}$에서 해석적이고 $f(z) \neq 0$이라고 하자. 함수 $f(z)$가 상수함수가 아니면 $|f(z)|$는 $\mathcal{D}$의 내부에서 최솟값을 가질 수 없다.

증명. $f(z) \neq 0$이므로 $\dfrac{1}{f(z)}$는 영역 $\mathcal{D}$에서 해석적이다. $|f(z)|$가 점 z_0에서 최솟값을 가질 필요충분조건은 $\dfrac{1}{|f(z)|}$이 z_0에서 최댓값을 가지는 것이다. 최대 원리를 함수 $\dfrac{1}{f(z)}$에 적용하면 함수 $f(z)$는 $\mathcal{D}$의 내부에서 최솟값을 가질 수 없다. ∎

정리 6.3.5 (슈바르츠 도움정리, Schwarz's lemma) 함수 $f(z)$가 $|z| < R$에서 해석적이고 $f(0) = 0$이라고 하자. 영역 $|z| < R$에서 $|f(z)| \le M$이면

$$|f(z)| \le \frac{r}{R} M \qquad (|z| = r < R)$$

이고 등호가 성립할 필요충분조건은 실수 α에 대하여

$$f(z) = \frac{M}{R} e^{i\alpha} z$$

인 것이다.

증명. $f(0) = 0$이므로 함수 $f(z)$는 다음과 같이 나타낼 수 있다.

$$f(z) = a_1 z + a_2 z^2 + \cdots = z g(z)$$

여기서 $g(z)$는 $|z| < R$에서 해석적이고 $g(0) = a_1 = f'(0)$이다. 최대 원리를 함수 $g(z)$에 적용하면

$$\max_{|z|=r} |g(z)| \le \max_{|z|=R'} |g(z)| \quad (r < R' < R) \tag{6.9}$$

즉,

$$\max_{|z|=r} \left| \frac{f(z)}{z} \right| \le \max_{|z|=R'} \left| \frac{f(z)}{z} \right| \quad (r < R' < R)$$

또는

$$\max_{|z|=r} |f(z)| \le \frac{r}{R'} \max_{|z|=R'} |f(z)| \le \frac{r}{R'} M$$

$R' \to R$이면

$$\max_{|z|=r} |f(z)| \le \frac{r}{R} M$$

한편, 식 (6.9)에서 등식이 성립할 필요충분조건은 $g(z)$가 상수함수인 것이다. 따라서

$$|f(z)| = \left(\frac{r}{R}\right) M \quad (\text{단}, |z| = r < R)$$

일 필요충분조건은 $|g(z)| = \dfrac{M}{R}$이다. 정리 8.3에 의해 $|f(z)|$가 상수함수일 필요충분조건은 $f(z)$가 상수함수인 것이므로 정리가 성립한다. ∎

따름정리 6.3.6 **함수** $f(z)$**가 열린 원판** $|z| < R$**에서 해석적이고** $f(0) = f'(0) = \cdots = f^{(n-1)}(0) = 0$**이라고 하자. 영역** $|z| < R$**에서** $|f(z)| \leq M$**이면**

$$|f(z)| \leq \left(\frac{r}{R}\right)^n M \qquad (|z| = r < R)$$

이고, 등호가 성립할 필요충분조건은 실수 α**에 대하여**

$$f(z) = \left(\frac{M}{R}\right)^n e^{i\alpha} z^n$$

인 것이다.

증명. 함수 $f(z)$를 $f(z) = z^n g(z)$으로 놓고 함수 $g(z)$에 최대 원리를 적용하면 된다. ■

연습문제

1. 함수 $f(z)$가 열린 원판 $|z - z_0| \leq r$에서 해석적이고 0이 아니라고 하자. 그러면 다음이 성립함을 보이시오.

$$\log|f(z)| = \frac{1}{2\pi}\int_0^{2\pi} \log|f(z_0 + re^{i\theta})|\, d\theta$$

2. 상수가 아닌 함수 $f(z)$가 영역 $\mathcal{D}$에서 해석적이고 폐포 $\overline{\mathcal{D}}$에서 연속이라고 하자. 절댓값 함수 $|f(z)|$가 $\mathcal{D}$의 경계에서 상수이면 $f(z)$는 $\mathcal{D}$의 내부에서 0을 가짐을 보이시오.

3. 함수 $f(z)$가 $|z| < 1$에서 해석적이고 $|f(z)| < 1$이라고 하자. $f(0) = 0$이면

$$|f'(0)| \leq 1$$

이고, 등호가 성립할 필요충분조건은 실수 α에 대하여 $f(z) = e^{i\alpha}z$임을 보이시오.

4. 함수 $f(z)$가 $|z| \leq 1$에서 해석적이고 $|f(z)| \geq 1$이라고 하자. $f(0) = 1$이면 $f(z)$는 상수함수임을 보이시오.

6.4 편각 원리

상수가 아닌 함수 $f(z)$가 점 z_0에서 해석적이고 $f(z_0) = 0$이면 $f(z)$는 점 z_0 근방에서 z_0 이외의 다른 0을 갖지 않는다는 것이 알려져 있다 (7장 따름정리 7.2.12 참조). 따라서 z_0 근방에서 함수 $f(z)$를 다음과 같이 나타낼 수 있다.

(6.10) $$f(z) = (z - z_0)^k F(z) \qquad (\text{단, } k\text{는 양의 정수})$$

여기서 $F(z)$는 z_0에서 해석적이고 z_0의 근방에서 0이 아니다. 식 (6.10)에서 양수 정수 k를 함수 $f(z)$에 대한 점 z_0에서의 0의 **차수**(order)라고 한다. 코시 정리를 적용하면 다음 적분식이 성립한다는 것을 알 수 있다.

$$\frac{1}{2\pi i} \int_C \frac{f'(z)}{f(z)}\, dz = k$$

한편, 함수 $f(z)$가 단순 폐경로 C의 내부와 C에서 해석적이고 C 위에서 0을 갖지 않는다고 하자. 7장에 있는 정리 7.2.13에 의하면 해석함수 $f(z)$는 C의 내부에 많아야 유한개의 0을 갖는다. $z_1, z_2, \cdots, z_n$이 C의 내부에 있는 $f(z)$의 0이고 그때의 차수를 각각 $\alpha_1, \alpha_2, \cdots, \alpha_n$이라고 하자. 그러면 $f(z)$를 다음과 같이 나타낼 수 있다.

$$f(z) = (z - z_1)^{\alpha_1} (z - z_2)^{\alpha_2} \cdots (z - z_n)^{\alpha_n} F(z)$$

여기서 $F(z)$는 C의 내부에서 0을 갖지 않는 해석함수이다. 위에서와 똑같은 방법으로 적분을 하면

$$\frac{1}{2\pi i} \int_C \frac{f'(z)}{f(z)}\, dz = \sum_{i=1}^{n} \alpha_i$$

임을 알 수 있다.

정의 6.4.1 함수 $f(z)$가 점 z_0의 중심제거 근방에서 해석적이라고 하자. 함수 $f(z)$가 다음 극한을 만족시킬 때

$$\lim_{z \to z_o} (z - z_o)^n f(z) = a \ (\text{단, } a \neq 0, \infty)$$

$f(z)$는 점 z_0에서 차수가 n인 극(pole)을 갖는다고 한다. $n = 1$일 때 z_0을 $f(z)$의 단극(simple pole)이라고 한다.

정리 6.4.2 함수 $f(z)$가 단순 폐곡선 C의 내부와 C에서 해석적이고 C의 내부에서 유한개의 극을 갖는다고 하자. C 위에서 $f(z) \neq 0$이면

$$\frac{1}{2\pi i}\int_C \frac{f'(z)}{f(z)}\,dz = N - P \tag{6.11}$$

여기서 N과 P는 각각 C의 내부에 있는 $f(z)$의 0의 개수와 극의 개수이다.

증명. $z_1, \cdots, z_n$이 함수 $f(z)$의 영점으로 중복도가 각각 $\alpha_1, \cdots, \alpha_n$이라고 하자. 또 $w_1, \cdots, w_m$은 함수 $f(z)$의 극점으로 중복도가 각각 $\beta_1, \cdots, \beta_m$이라고 하자. 그러면 함수 $f(z)$는 다음과 같이 나타낼 수 있다.

$$f(z) = \frac{(z-z_1)^{\alpha_1}\cdots(z-z_n)^{\alpha_n}}{(z-w_1)^{\beta_1}\cdots(z-w_m)^{\beta_m}}F(z)$$

여기서 $F(z)$는 경로 C의 내부와 C 위에서 영점과 극점을 갖지 않는 해석함수이다. 식의 양변에 로그 log를 택한 다음 미분하면

$$\frac{f'(z)}{f(z)} = \sum_{i=1}^{n}\frac{\alpha_i}{z-z_i} - \sum_{i=1}^{m}\frac{\beta_i}{z-w_i} + \frac{F'(z)}{F(z)} \tag{6.12}$$

경로 C에서 적분하면

$$\frac{1}{2\pi i}\int_C \frac{f'(z)}{f(z)}\,dz = \sum_{i=1}^{n}\left(\frac{1}{2\pi i}\int_C \frac{\alpha_i}{z-z_i}\,dz\right) - \sum_{i=1}^{m}\left(\frac{1}{2\pi i}\int_C \frac{\beta_i}{z-w_i}\,dz\right) \tag{6.13}$$

각각의 영점 z_i와 극점 w_i에서 서로 만나지 않도록 작은 원을 그리면 식 (6.13)으로부터

$$\frac{1}{2\pi i}\int_C \frac{f'(z)}{f(z)}\,dz = \sum_{i=1}^{n}\alpha_i - \sum_{i=1}^{m}\beta_i = N - P \tag{6.14}$$

∎

함수 $f(z)$가 단순 폐경로 C에서 해석적이고 0이 아니라고 하자. 이때 로그함수의 분지를 택한 후,

$$\log f(z) = \log|f(z)| + i\arg f(z)$$

로 놓으면

$$(6.15)\quad \int_C \frac{f'(z)}{f(z)}\,dz = \int_C \frac{d}{dz}\log f(z)\,dz = \log|f(z)|\Big|_C + i\arg f(z)\Big|_C$$

폐곡선 C의 시점과 종점이 일치하므로 $\log|f(z)|\Big|_C = 0$이다. 따라서 식 (6.15)는

$$(6.16)\qquad \int_C \frac{f'(z)}{f(z)}\,dz = i\arg f(z)\Big|_C$$

이다. 그러므로 식 (6.11)의 좌변에 있는 적분값은 z가 경로 C를 따라 한 바퀴 움직일 때 $f(z)$의 편각의 변화량에 의해 주어진다.

정의 6.4.3 경로 C와 함수 $f(z)$에 대하여 경로 C를 따른 $\arg f(z)$의 변동(variance), $\Delta_C \arg f(z)$는

$$\int_C \frac{f'(z)}{f(z)}\,dz = i\Delta_C \arg f(z)$$

으로 정의한다.

정리 6.4.2와 식 (6.16)으로부터 함수 $f(z)$의 변동은 다음과 같이 나타낼 수 있다.

$$(6.17)\qquad \frac{1}{2\pi}\Delta_C \arg f(z) = N - P$$

등식 (6.17)을 **편각 원리**(argument principle)라고 한다.

편각 원리를 적용하면 영역에서 정의된 해석함수에 대하여 0이 되는 점의 개수를 알 수 있는데 이를 루셰(Rouché) 정리라고 한다.

도움정리 6.4.4 함수 $f(z)$와 $g(z)$가 단순 폐경로 C의 내부와 C에서 해석적이고, C 위에서 0을 갖지 않는다고 하자. 그러면

$$\Delta_C \arg f(z)g(z) = \Delta_C \arg f(z) + \Delta_C \arg g(z)$$

이다.

증명. 함수 $f(z)$와 $g(z)$가 경로 C의 내부에 각각 N_1과 N_2개의 영점을 갖는다고 하자. 그러면 편각 원리에 의해

$$\frac{1}{2\pi}\Delta_C \arg f(z) = N_1, \quad \frac{1}{2\pi}\Delta_C \arg g(z) = N_2$$

한편, 함수 $f(z)g(z)$는 경로 C의 내부에서 $N_1 + N_2$개의 영점을 가지므로

$$\frac{1}{2\pi}\Delta_C \arg f(z)g(z) = N_1 + N_2$$

따라서 정리가 성립한다. ∎

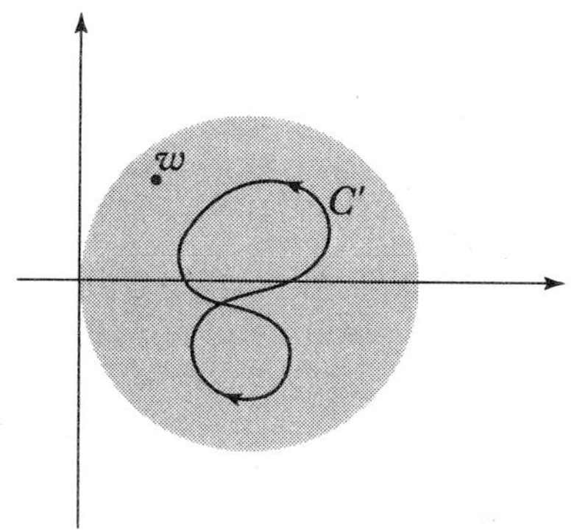

그림 6.2.

도움정리 6.4.5 함수 $h(z)$가 단순 폐경로 C에서 해석적이고 $|h(z)| < 1$이면

$$\Delta_C \arg(1 + h(z)) = 0$$

이다.

증명. 사상 $w := F(z) = 1 + h(z)$에 의해 경로 C는 원판 $|w - 1| < 1$에 포함되는 경로 C'으로 사상된다 (그림 6.2). 원판 $|w - 1| < 1$은 오른쪽 반평면에 놓여 있으므로 함수 $F(z)$가 경로 C'를 따라 움직일 때 로그함수의 분지를 $(-\pi, \pi]$로 택하면

$$\Delta_C \arg F(z) = 0$$

이다. 즉,

$$\Delta_C \arg(1 + h(z)) = 0$$

■

정리 6.4.6 (루셰 정리, Rouché's theorem) 함수 $f(z)$와 $g(z)$가 단순 폐경로 C의 내부와 C에서 해석적이고, C에서 $|g(z)| < |f(z)|$라고 하자. 그러면 C의 내부에서 함수 $f(z) + g(z)$의 0의 개수와 함수 $f(z)$의 0의 개수는 같다.

증명. 함수 $f(z) + g(z)$를

$$f(z) + g(z) = f(z)\left(1 + \frac{g(z)}{f(z)}\right)$$

로 나타내면, 도움정리 6.4.4에 의해

$$\Delta_C \arg(f(z) + g(z)) = \Delta_C \arg f(z) + \Delta_C \arg\left(1 + \frac{g(z)}{f(z)}\right) \tag{6.18}$$

가정에 의해

$$\left|\frac{g(z)}{f(z)}\right| < 1$$

이므로 도움정리 6.4.5에 의해

$$\Delta_C \arg\left(1 + \frac{g(z)}{f(z)}\right) = 0$$

이다. 따라서

$$\Delta_C \arg(f(z) + g(z)) = \Delta_C \arg f(z) \tag{6.19}$$

함수 $f(z) + g(z)$가 경로 C의 내부에서 N개의 영점을 가지면 식 (6.19)와 편각 원리에 의해

$$\frac{1}{2\pi}\Delta_C \arg(f(z) + g(z)) = \frac{1}{2\pi}\Delta_C \arg f(z) = N$$

■

참고 6.4.7 루셰 정리에서 조건 $|g(z)| < |f(z)|$는 등호를 포함한 부등식 $|g(z)| \le |f(z)|$로 바꾸어도 성립한다. 실제로 함수 $g(z) = -f(z)$로 놓으면 $f(z)$의 0의 개수와 관계없이 C의 내부에서 $f(z) + g(z) \equiv 0$이 성립한다.

보기 6.4.1 다항함수

$$P(z) = z^5 + 6z^3 + 2z + 10$$

는 고리 $1 < |z| < 3$에서 5개의 0을 가짐을 보여라.

풀이. 함수 $f(z) = z^5 + 6z^3 + 2z$와 $g(z) = 10$으로 놓으면 원 $|z| = 1$ 위에서

$$|f(z)| \le |z|^5 + 6|z|^3 + 2|z| = 9$$

루셰 정리에 의해 $|z| < 1$에서 $P(z) = f(z) + g(z)$의 0의 개수는 함수 $g(z)$의 0의 개수와 같다. $g(z)$가 $|z| < 1$에서 0을 갖지 않으므로 $P(z) = f(z) + g(z)$는 $|z| < 1$에서 0을 갖지 않는다. 또한 $|z| = 1$에서 $|P(z)| \ge 1$이므로 $P(z)$는 닫힌 원판 $|z| \le 1$에서 0을 갖지 않는다.

한편, $f(z) = z^5$, $g(z) = 6z^3 + 2z + 10$으로 놓으면 원 $|z| = 3$에서

$$|g(z)| \le 6 \cdot 3^3 + 2 \cdot 3 + 10 < |f(z)| = 3^5$$

이다. 따라서 $P(z)$의 0은 모두 원판 $|z| < 3$ 내부에 놓여 있다. 그러므로 $P(z)$의 모든 0은 고리 $1 < |z| < 3$에 놓여 있다. ∎

루셰 정리를 이용하면 다음 정리를 증명할 수 있다.

정리 6.4.8 (열린 사상 정리) 상수가 아닌 해석함수는 열린 집합을 열린 집합으로 사상시킨다.

증명. 함수 $f(z)$가 점 $z = z_0$에서 해석적이라고 하자. z_0의 근방에 대한 함수 $f(z)$의 상(image)이 점 $w_0 := f(z_0)$ 근방을 포함한다는 것을 보이면 된다. 함수 $f(z) - w_0$이 원판 $|z - z_0| \le \delta$에서 해석함수가 되도록 양수 $\delta > 0$을 택하고, 특

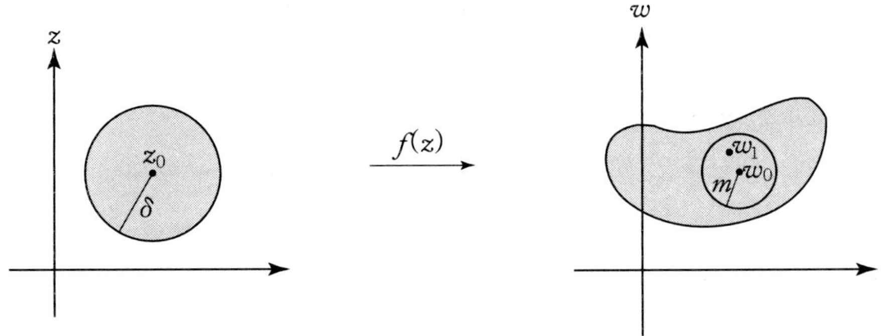

그림 6.3.

히 원 $|z-z_0| = \delta$에서 영점을 갖지 않는다고 하자.[1] 원 $|z-z_0| = \delta$에서 함수 $|f(z)-w_0|$의 최솟값을 m이라고 하자. 즉,

$$m = \min_{|z-z_0|=\delta} |f(z)-w_0|$$

$f(z_0) = w_0$이므로 $m > 0$이다. 이때, 열린 원판 $|z-z_0| < \delta$에 대한 함수 $f(z)$의 상이 원판 $|w-w_0| < m$을 포함한다.

실제로, 점 w_1을 원판 $|w-w_0| < m$에서 택하면 원 $|z-z_0| = \delta$ 위의 임의의 점 z에 대하여

$$|w_0 - w_1| < m \le |f(z) - w_0|$$

이다. 따라서 루셰 정리(정리 6.4.6)에 의해

$$(f(z) - w_0) + (w_0 - w_1) = f(z) - w_1$$

은 열린 원판 $|z-z_0| < \delta$에서 함수 $f(z)-w_0$와 같은 개수의 영점을 갖는다. 함수 $f(z)-w_0$이 적어도 하나의 영점 z_0을 가지므로 함수 $f(z)-w_1$도 적어도 하나의 영점을 가진다. 다시 말해서, $f(z) = w_1$을 만족시키는 점 z가 열린 원판 $|z-z_0| < \delta$에 적어도 하나 존재한다. w_1은 원판 $|w-w_0| < m$에 속하는 임의의 점이므로 열린 원판 $|z-z_0| < \delta$에 대한 함수 $f(z)$의 상은 원판 $|w-w_0| < m$을 포함한다. ∎

[1] 해석함수는 영점이나 극점이 고립(isolated)되어 있기 때문에 가능하다.

따름정리 6.4.9 **상수가 아닌 해석함수는 영역을 영역으로 사상시킨다.**

증명. 정의에 의해 영역은 열린 집합인 동시에 연결집합이다. 열린 사상 정리에 의해 해석함수는 연결집합을 연결집합으로 사상시킨다는 것만 보이면 된다. 그러나 해석함수는 연속함수이고 연속함수는 연결집합을 연결집합으로 사상시키므로 정리가 성립한다. ∎

연습문제

1. 함수 $f(z)$가 단순 폐경로 C의 내부와 C에서 해석적이고 C에서 $f(z) \neq 0$라고 하자. a가 C의 내부에 있는 점이면 $f(z) = a$를 만족시키는 z의 개수는

$$\frac{1}{2\pi i}\int_C \frac{f'(z)}{f(z)-a}\,dz$$

임을 보이시오.

2. 다항함수 $P(z) = a_0 + a_1 z + \cdots + a_n z^n$에 대하여 적분

$$\frac{1}{2\pi i}\int_{|z|=R} \frac{P'(z)}{P(z)}\,dz$$

를 구하시오. 여기서 R는 충분히 큰 양수이다.

3. 다항함수 $z^4 + 4z - 1$은 원판 $|z| < \frac{1}{3}$에서 하나의 0을 갖고, 나머지 세 개의 0은 고리 $\frac{1}{3} < |z| < 2$에서 가짐을 보이시오.

제 7 장

급수

2장에서 복소수 수열에 대하여 학습하였다. 이 장에서는 복소수 수열로 주어지는 급수와 해석함수의 급수에 대하여 알아보자.

7.1 급수의 수렴성

실수나 복소수로 이루어진 수열 $\{a_n\}$에 대하여 $S_n = \sum_{k=1}^{n} a_k$를 부분합이라고 하며, $\sum_{n=1}^{\infty} a_n$을 **무한급수**(series)라고 한다.

정의 7.1.1 무한급수 $\sum_{n=1}^{\infty} a_n$**에 대하여, 부분합** $S_n = \sum_{k=1}^{n} a_k$**가 복소수** S**로 수렴할 때**

$$\sum_{n=1}^{\infty} a_n = S$$

로 나타내고, 이때 무한급수 $\sum_{n=1}^{\infty} a_n$**가 수렴한다**(converge)**고 한다. 무한급수가 수렴하지 않을 때 발산한다**(diverge)**고 한다.**

복소수 수열 $\{z_n\}$이 수렴할 필요충분조건은 $\{z_n\}$이 코시 수열인 것이다. 주어진 양수 $\epsilon > 0$에 대하여 자연수 N이 존재하여 $n, m \geq N$인 모든 자연수 m, n에 대

하여 $|z_n - z_m| < \epsilon$를 만족시킬 때, 수열 $\{z_n\}$을 코시 수열이라고 한다. 따라서 부분합 $S_n = \sum_{k=1}^{n} a_k$에 대하여 $S_{n+p} - S_n = \sum_{k=n+1}^{n+p} a_k$가 성립하므로 코시 규준(Cauchy criterion)을 다음과 같이 나타낼 수 있다:

$\sum_{n=1}^{\infty} a_n$이 수렴할 필요충분조건은 임의의 양수 $\epsilon > 0$에 대하여 자연수 N이 존재하여 $n \geq N$인 자연수 n과 모든 $p = 1, 2, 3, \cdots$에 대하여

$$\left| \sum_{k=n+1}^{n+p} a_k \right| < \epsilon$$

무한급수 $\sum_{n=1}^{\infty} a_n$이 S로 수렴하면 $\lim_{n\to\infty} a_n = 0$이다. 실제로,

$$\lim_{n=1} a_n = \lim_{n\to\infty} (S_n - S_{n-1}) = S - S = 0$$

이다.

정의 7.1.2 무한급수 $\sum_{n=1}^{\infty} a_n$에 대하여 절댓값으로 주어지는 급수 $\sum_{n=1}^{\infty} |a_n|$이 수렴할 때, $\sum_{n=1}^{\infty} a_n$이 **절대수렴**(converges absolutely)한다고 한다.

정리 7.1.3 무한급수 $\sum_{n=1}^{\infty} a_n$이 절대수렴하면 $\sum_{n=1}^{\infty} a_n$은 수렴한다.

급수에 대한 다음 수렴 판정법은 미적분학이나 실해석학에서 많이 다루는 내용이다.

정리 7.1.4 (근판정법) 복소수 수열 $\{a_n\}$에 대하여

$$\lim_{n\to\infty} |a_n|^{\frac{1}{n}} = L$$

이라고 하자. $L < 1$이면 무한급수 $\sum_{n=1}^{\infty} a_n$은 절대수렴하고 $L > 1$이면 발산한다.

참고 7.1.5 근판정법에서 $L = 1$인 경우에는 근판정법으로 무한급수의 수렴성을 판정할 수 없다. 무한급수 $\sum_{n=1}^{\infty} \frac{1}{n}$은 발산하고 $\sum_{n=1}^{\infty} \frac{1}{n^2}$은 수렴한다. 그러나

$$\lim_{n\to\infty} \left(\frac{1}{n}\right)^{1/n} = \lim_{n\to\infty} \left(\frac{1}{n^2}\right)^{1/n} = 1$$

이 성립한다.

급수에 대한 다른 판정법은 다음과 같다.

정리 7.1.6 (급수 판정법) (1) (기하급수 판정법) $|r| < 1$이면 급수 $\sum_{n=1}^{\infty} r^n$은 $\frac{1}{1-r}$로 수렴하고, $|r| \geq 1$이면 발산한다.

(2) (비교 판정법) 두 복소수 수열 $\{a_n\}, \{b_n\}$에 대하여 급수 $\sum_{n=1}^{\infty} b_n$이 절대수렴하고 $|a_n| \leq |b_n|$이면 급수 $\sum_{n=1}^{\infty} a_n$도 절대수렴한다.

(3) (비율 판정법) 복소수 수열 $\{a_n\}$에 대하여 $\lim_{n\to\infty} \left|\frac{a_{n+1}}{a_n}\right| = L$이라고 하자. $L < 1$이면 급수 $\sum_{n=1}^{\infty} a_n$은 절대수렴하고, $L > 1$이면 급수 $\sum_{n=1}^{\infty} a_n$은 발산한다.

(4) (p-급수 판정법) $p > 1$이면 $\sum_{n=1}^{\infty} n^{-p}$은 수렴하고, $p \leq 1$이면 ∞로 발산한다.

비교 판정법에서 대우를 택하면 다음과 같은 성질이 성립함을 알 수 있다:

급수 $\sum_{n=1}^{\infty} a_n$이 발산하고 $|a_n| \leq |b_n|$이면 급수 $\sum_{n=1}^{\infty} b_n$도 발산한다.

근판정법에서와 같이 비율 판정법에서도 극한

$$\lim_{n\to\infty} \left|\frac{a_{n+1}}{a_n}\right| = 1$$

이면 급수 $\sum_{n=1}^{\infty} a_n$의 수렴·발산을 판정할 수 없다.

균등수렴(평등수렴)

정의 7.1.7 (1) **자연수 n에 대하여 $f_n : A \to \mathbb{C}$가 정의역이 모두 $A \subset \mathbb{C}$인 함수라고 하자. 각 점 $z \in A$에 대하여 수열 $\{f_n(z)\}$가 수렴할 때, 함수열 $\{f_n\}$이 점별수렴한다**(converge pointwise)**고 한다.**

(2) $f_n : A \to \mathbb{C}$**가 정의역이** A**인 함수이고 함수** $f : A \to \mathbb{C}$**라고 하자. 임의의 양수** $\epsilon > 0$**에 대하여 자연수** N**이 존재하여** $n \geq N$**인 모든 자연수** n**과 모든** $z \in A$**에 대하여**

$$|f_n(z) - f(z)| < \epsilon$$

을 만족시킬 때, $\{f_n\}$이 함수 f로 **균등수렴**(converge uniformly) 또는 **평등수렴**한다고 하고, 기호 $f_n \rightrightarrows f$로 나타낸다.

(3) **함수항 급수** $\sum_{n=1}^{\infty} f_n(z)$**에 대하여 부분합** $S_n(z) = \sum_{k=1}^{n} f_k(z)$**가 점별수렴할 때, 급수** $\sum_{n=1}^{\infty} f_n(z)$**가 점별수렴**(converge pointwise)**한다고 한다. 또, 부분합** $S_n(z)$**가 균등수렴할 때, 함수항 급수** $\sum_{n=1}^{\infty} f_n(z)$**가 균등수렴**(converge uniformly) **또는 평등수렴한다고 한다.**

보기 7.1.1 함수 $f_n(z)$를 $f_n(z) = \dfrac{1}{nz}$이라고 하자. 그러면 집합 $0 < |z| < 1$에서 함수열 $\{f_n(z)\}$는 함수 $f(z) = 0$으로 점별수렴하지만 균등수렴하지는 않는다.

풀이. 점별수렴을 보이기 위해 점 z_0, $0 < |z_0| < 1$을 택하자. 임의의 양수 $\epsilon > 0$에 대하여 N을 $\frac{1}{\epsilon|z_0|}$보다 큰 자연수로 택하면 $n > N$일 때

$$\left|\frac{1}{nz_0}\right| < \epsilon$$

이다. 함수열 $\{f_n\}$이 균등수렴한다고 가정하면 $0 < |z| < 1$인 모든 z에 대하여 $\left|\dfrac{1}{Nz}\right| < \epsilon < 1$이 성립하는 자연수 N이 존재한다. 그러나 이 부등식은 복소수 $z = \frac{1}{N}$에 대하여 성립하지 않는다. 다시 말해서 모든 자연수 n에 대하여

$$\left|f_n\left(\frac{1}{n}\right) - f\left(\frac{1}{n}\right)\right| = 1$$

이다. ∎

보기 7.1.2 함수 $f_n(z)$를 $f_n(z) = \dfrac{1}{1+nz}$이라고 하자. 그러면 영역 $|z| \geq 2$에서 함수열 $\{f_n\}$은 균등수렴하고, $|z| \leq 2$에서는 균등수렴하지 않는다.

풀이. 함수열 $\{f_n\}$은 다음 함수로 점별수렴한다는 것을 알 수 있다:

$$f(z) = \begin{cases} 0 & z \neq 0 \\ 1 & z = 0 \end{cases}$$

$|z| \geq 2$이면

$$|f_n(z)| = \left|\frac{1}{1+nz}\right| \leq \frac{1}{|nz|-1} \leq \frac{1}{2n-1} \leq \frac{1}{n}$$

이다. 따라서 $n > \dfrac{1}{\epsilon}$이면 $|f_n(z)| < \epsilon$이다. 그러므로 영역 $|z| \geq 2$에서 함수열 $\{f_n\}$은 균등수렴한다.

만일 영역 $|z| \leq 2$에서 함수열 $\{f_n\}$이 균등수렴하면 $|z| \leq 2$인 모든 z에 대하여

$$|f_N(z) - f(z)| < \frac{1}{2}$$

을 만족시키는 자연수 N이 존재한다. 그러나 모든 자연수 n에 대하여

$$\left|f_n\left(\frac{1}{n}\right) - f\left(\frac{1}{n}\right)\right| = \left|\frac{1}{1+n\cdot\frac{1}{n}} - 0\right| = \frac{1}{2}$$

∎

보기 7.1.3 함수 $f_n(z)$를 $f_n(z) = z^n$이라고 하면 함수열 $\{f_n\}$은 $|z| < 1$에서 점별수렴하고 영역 $|z| \le r < 1$에서는 균등수렴한다.

풀이. $n \to \infty$이면 $|z|^n \to 0$이므로 열린 원판 $|z| < 1$에서 함수열 $\{f_n(z)\}$는 0으로 점별수렴한다. 임의의 양수 $\epsilon > 0$에 대하여 $r^n \to 0$ $(r < 1)$이므로 $r^n < \epsilon$ $(n > N)$을 만족시키는 자연수 $N = N(\epsilon)$이 존재한다. 이때

$$|z^n| \le r^n < \epsilon \qquad (|z| \le r, \quad n > N)$$

이다. 따라서 $\{f_n(z)\}$는 닫힌 원판 $|z| \le r$에서 균등수렴한다.

한편, 함수열 $\{f_n\}$이 열린 원판 $|z| < 1$에서 균등수렴하면, 임의의 양수 $\epsilon > 0$에 대하여 자연수 N이 존재하여 $n > N$인 자연수 n과 $|z| < 1$인 모든 z에 대하여 $|z^n| < \epsilon$을 만족시킨다. 그러나 $z = 1 - \dfrac{1}{n}$을 택하면 $z^n = \left(1 - \dfrac{1}{n}\right)^n$이므로 $n \to \infty$일 때

$$\left(1 - \frac{1}{n}\right)^n \to \frac{1}{e}$$

이다. 따라서 $|z^n| > \dfrac{1}{3}$ $\left(z = 1 - \dfrac{1}{n},\ n > N\right)$이 성립하므로 $\{z^n\}$은 열린 원판 $|z| < 1$에서 균등수렴하지 않는다. ∎

정리 7.1.8 (코시 규준, Cauchy's criterion) **$\{f_n\}$이 정의역이 A인 함수열이라고 하자.**

(1) $\{f_n\}$이 A에서 균등수렴할 필요충분조건은 임의의 양수 $\epsilon > 0$에 대하여 자연수 N이 존재하여 $m, n \ge N$인 모든 자연수 n, m과 $z \in A$인 모든 z에 대하여

$$|f_n(z) - f_m(z)| < \epsilon$$

이 성립하는 것이다.

(2) 함수항 급수 $\displaystyle\sum_{n=1}^{\infty} f_n(z)$가 A에서 균등수렴할 필요충분조건은 임의의 양수 $\epsilon > 0$에 대하여 자연수 N이 존재하여 $n \ge m \ge N$인 모든 자연수 n, m과 $z \in$

A인 모든 z에 대하여

$$\Big|\sum_{k=m+1}^{n} f_k(z)\Big| < \epsilon$$

이 성립하는 것이다.

증명. (1) ($\Leftarrow$) 가정에 의해 각각의 점 z에서 $\{f_n(z)\}$는 코시 수열이므로 (점별)수렴한다. $\lim_{n\to\infty} f_n(z) = f(z)$로 놓고 집합 A에서 $f_n \rightrightarrows f$임을 보이자.

가정으로부터 주어진 양수 $\epsilon > 0$에 대하여 자연수 N이 존재하여 $n \geq N$인 모든 자연수 n과 $p \geq 1$과 모든 $z \in A$에 대하여

$$|f_n(z) - f_{n+p}(z)| < \frac{\epsilon}{2}$$

이다. $z \in A$에 대하여 $|f_{n+p}(z) - f(z)| < \frac{\epsilon}{2}$인 자연수 p를 택하자. 그러면 삼각부등식에 의해

$$|f_n(z) - f_{n+p}(z)| \leq |f_n(z) - f(z)| + |f(z) - f_{n+p}(z)| < \frac{\epsilon}{2} + \frac{\epsilon}{2} = \epsilon$$

자연수 p는 점 z에 따라 변할 수 있지만 N은 점 z에 무관한 자연수이므로 $f_n \rightrightarrows f$이 성립한다.

($\Rightarrow$) $f_n \rightrightarrows f$라고 하자. 양수 $\epsilon > 0$에 대하여 $n \geq N$인 모든 자연수 n과 모든 $z \in A$에 대하여

$$|f_n(z) - f(z)| < \frac{\epsilon}{2}$$

를 만족시키는 자연수 N을 택하자. 이때 $n + p \geq N$이면

$$|f_n(z) - f_{n+p}(z)| \leq |f_n(z) - f(z)| + |f(z) - f_{n+p}(z)| < \frac{\epsilon}{2} + \frac{\epsilon}{2} = \epsilon$$

(2)는 부분합에 위의 (1)을 적용하면 된다. ∎

정리 7.1.9 함수 $f_n(z)$가 집합 A에서 연속이고 함수열 $\{f_n(z)\}$가 $f(z)$로 균등수렴하면 f는 A에서 연속이다. 또, 함수 g_n이 연속이고 $g(z) = \sum_{n=1}^{\infty} g_n(z)$가 A에서 균등수렴하면 g는 A에서 연속이다.

증명. $z_0 \in A$이고 $\epsilon > 0$이라고 하자. $f_n \rightrightarrows f$이므로 자연수 N이 존재하여 $n \geq N$인 모든 자연수 n과 $z \in A$에 대하여

$$|f_n(z) - f(z)| < \frac{\epsilon}{3}$$

이다. f_N이 점 z_0에서 연속이므로 양수 $\delta > 0$이 존재하여 $|z - z_0| < \delta$이면

$$|f_N(z) - f_N(z_0)| < \frac{\epsilon}{3}$$

이다. 따라서

$$\begin{aligned} |f(z) - f(z_0)| &\leq |f(z) - f_N(z)| + |f_N(z) - f_N(z_0)| + |f_N(z_0) - f(z_0)| \\ &< \frac{\epsilon}{3} + \frac{\epsilon}{3} + \frac{\epsilon}{3} = \epsilon \end{aligned}$$

두 번째 경우는 부분합에 위의 증명을 적용하면 된다. ■

정리 7.1.9에 의해 $z \in A$이면

$$\lim_{z \to z_0} \left(\lim_{n \to \infty} f_n(z) \right) = \lim_{n \to \infty} \left(\lim_{z \to z_0} f_n(z) \right)$$

이다.

정리 7.1.10 (바이어슈트러스 M-판정법) **정의역이 $A \subset \mathbb{C}$인 함수열 $f_n(z)$에 대하여 다음 조건을 만족시키는 실수열 $M_n \geq 0$이 존재한다고 하자:**

(i) $z \in A$**인 모든** z**에 대하여** $|f_n(z)| \leq M_n$**이다.**

(ii) $\sum_{n=1}^{\infty} M_n$**은 수렴한다.**

그러면 함수항 급수 $\sum_{n=1}^{\infty} f_n(z)$**는 집합** A**에서 절대수렴하고 균등수렴한다.**

증명. 급수 $\sum_{n=1}^{\infty} M_n$이 수렴하므로 양수 $\epsilon > 0$에 대하여 자연수 N이 존재하여 $n \geq N$인 모든 자연수 n과 $p = 1, 2, 3, \cdots$에 대하여

$$\sum_{n+1}^{n+p} M_n < \epsilon$$

이다. 따라서 $n \geq N$에 대하여

$$\left|\sum_{n+1}^{n+p} f_n(z)\right| \leq \sum_{n+1}^{n+p} |f_n(z)| \leq \sum_{n+1}^{n+p} M_n < \epsilon$$

그러므로 코시 규준(정리 7.1.8)에 의해 급수 $\sum_{n=1}^{\infty} f_n(z)$는 집합 A에서 절대수렴하고 균등수렴한다. ∎

정리 7.1.11 **함수** $f_n(z)$**가 경로** C**에서 연속이고 함수열** $\{f_n(z)\}$**가** C**에서 함수** $f(z)$**로 균등수렴하면**

$$\lim_{n\to\infty} \int_C f_n(z)\, dz = \int_C \lim_{n\to\infty} f_n(z)\, dz = \int_C f(z)\, dz$$

증명. 정리 7.1.9에 의해 극한 $f(z)$는 연속함수이고 따라서 적분가능하다. 양수 $\epsilon > 0$에 대하여 자연수 N이 존재하여 $n \geq N$인 모든 자연수 n과 경로 C 위의 모든 점 z에 대하여

$$|f_n(z) - f(z)| < \epsilon$$

을 만족시킨다. 따라서 $n \geq N$이면

$$\left|\int_C f_n(z)\, dz - \int_C f(z)\, dz\right| \leq \int_C |f_n(z) - f(z)|\, |dz| < \epsilon L(C)$$

ϵ이 임의의 양수이므로 $n \to \infty$일 때,

$$\int_C f_n(z)\, dz \to \int_C f(z)\, dz$$

가 성립한다.

∎

따름정리 7.1.12 $\{f_n(z)\}$**이 연속함수로 이루어진 함수열이고 함수항 급수** $\sum_{n=1}^{\infty} f_n(z)$**가 경로** C**에서 균등수렴하면**

$$\sum_{n=1}^{\infty}\left(\int_C f_n(z)\, dz\right) = \int_C \left(\sum_{n=1}^{\infty} f_n(z)\right) dz$$

정리 7.1.11과 모레라의 정리(정리 6.1.4)를 이용하면 다음 '해석적 수렴정리'를 증명할 수 있다.

정리 7.1.13 (해석적 수렴정리) (1) $\{f_n(z)\}$가 영역 $\mathcal{D}$에서 해석적인 함수로 이루어진 함수열이라고 하자. 영역 $\mathcal{D}$에 포함되는 임의의 옹골 부분집합에서 함수열 $\{f_n(z)\}$이 함수 $f(z)$로 균등수렴하면 $f(z)$는 $\mathcal{D}$에서 해석적이다. 더욱이 도함수로 주어진 수열 $\{f_n'(z)\}$은 영역 $\mathcal{D}$에서 $f'(z)$로 점별수렴하고 $\mathcal{D}$에 포함된 임의의 옹골 부분집합에서 균등수렴한다.

(2) $g_n(z)$가 영역 $\mathcal{D}$에서 해석적인 함수로 이루어진 함수열이라 하고 $g(z) = \sum_{n=1}^{\infty} g_n(z)$가 $\mathcal{D}$에 포함된 임의의 옹골 부분집합에서 균등수렴하면 g는 영역 $\mathcal{D}$에서 해석적이고, $g'(z) = \sum_{n=1}^{\infty} g_n'(z)$는 $\mathcal{D}$에서 점별수렴하고, $\mathcal{D}$에 포함된 임의의 옹골 부분집합에서 균등수렴한다.

증명. (1)만 증명하기로 한다. $z_0 \in \mathcal{D}$이고 두 양수 $r, \rho\,(0 < r < \rho)$에 대하여 $|z - z_0| \le \rho \subset \mathcal{D}$라고 하자. $f_n(z)$가 옹골집합 $|z - z_0| \le r$에서 $f(z)$로 균등수렴하므로 열린 원판 $|z - z_0| < r$에서도 $f_n(z)$는 $f(z)$로 균등수렴한다.

주장 1: $f(z)$는 $|z - z_0| < r$에서 해석적이다.

정리 7.1.9에 의해 극한 $f(z)$는 $|z - z_0| < r$에서 연속함수이다. C가 $|z - z_0| < r$에 포함되어 있는 폐곡선이라고 하자. f_n은 해석함수이므로 코시 정리에 의해

$$\int_C f_n(z)\, dz = 0$$

이다. 그런데 정리 7.1.11에 의해 $\int_C f_n(z)\, dz \to \int_C f(z)\, dz$이므로

$$\int_C f(z)\, dz = 0$$

이다. 따라서 모레라의 정리(정리 6.1.4)에 의해 $f(z)$는 열린 원판 $|z - z_0| < r$에서 해석적이다.

주장 2: 닫힌 원판 $|z - z_0| \le r$에서 $f_n'(z)$는 $f'(z)$로 균등수렴한다.

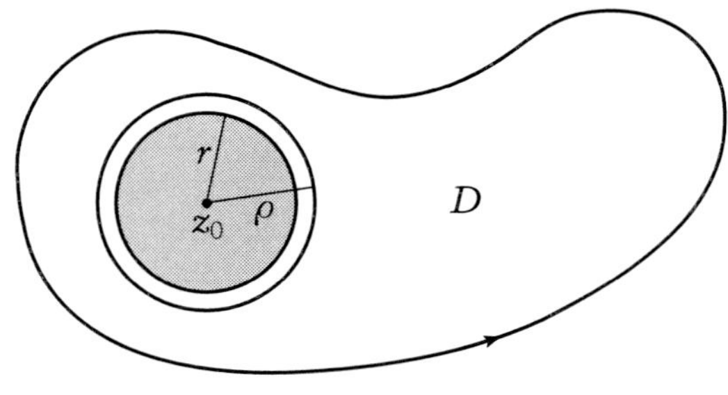

그림 7.1.

$C_1 : |\zeta - z_0| = \rho$로 놓으면 코시 적분 공식 II(정리 6.1.3)에 의해 $|z - z_0| \le r$인 z에 대하여

$$f_n'(z) = \frac{1}{2\pi i}\int_{C_1} \frac{f_n(\zeta)}{(\zeta - z)^2}\, d\zeta \quad \text{이고} \quad f'(z) = \frac{1}{2\pi i}\int_{C_1} \frac{f(\zeta)}{(\zeta - z)^2}\, d\zeta$$

이다. 가정에 의해 닫힌 원판 $|z - z_0| \le \rho$에서 $f_n(z)$는 함수 $f(z)$로 균등수렴하므로 임의의 양수 $\epsilon > 0$에 대하여 닫힌 원판 $|z - z_0| \le \rho$에서 $n \ge N$인 모든 자연수 n에 대하여 $|f_n(z) - f(z)| < \epsilon$을 만족시키는 자연수 N이 존재한다. 따라서 경로 C_1 위의 모든 점 ζ에서 $|f_n(\zeta) - f(\zeta)| < \epsilon$을 만족시킨다. $\zeta \in C_1$이고 $|z - z_0| \le r$이면 $|\zeta - z| \ge \rho - r > 0$이므로 $n \ge N$이면

$$\begin{aligned} |f_n'(z) - f'(z)| &= \left| \frac{1}{2\pi i}\int_{C_1} \frac{f_n(\zeta) - f(\zeta)}{(\zeta - z)^2}\, d\zeta \right| \\ &\le \frac{1}{2\pi} \cdot \frac{\epsilon}{(\rho - r)^2} \cdot L(C_1) = \frac{\epsilon\rho}{(\rho - r)^2} \end{aligned}$$

이다. 양수 ρ, r는 고정된 상수이므로 $f_n'(z)$는 $f'(z)$로 균등수렴한다. ∎

보기 7.1.4 함수항 급수

$$f(z) = \sum_{n=1}^{\infty} \frac{z^n}{n^2}$$

는 열린 원판 $B = \{z : |z| < 1\}$에서 해석적임을 보여라. 또, 도함수 $f'(z)$에 대한 급수를 구하여라.

풀이. 해석적 수렴 정리(정리 7.1.13)를 이용하자. 실수 M_n을 $M_n = \dfrac{1}{n^2}$로 놓으면 $\sum_{n=1}^{\infty} M_n$은 수렴하고, $z \in B$인 모든 z에 대하여

$$\left|\frac{z^n}{n^2}\right| < \frac{1}{n^2} = M_n$$

이다. 따라서 바이어슈트러스 M-판정법에 의해 함수항 급수 $\sum_{n=1}^{\infty} \dfrac{z^n}{n^2}$은 B에서 균등수렴한다. 그러므로 정리 7.1.13에 의해 함수 $f(z)$는 B에서 해석적이고

$$f'(z) = \sum_{n=1}^{\infty} \frac{nz^{n-1}}{n^2} = \sum_{n=1}^{\infty} \frac{z^{n-1}}{n}$$

이다. ∎

정리 7.1.14 (허위츠 정리, Hurwitz's Theorem) $\{f_n(z)\}$가 단순 폐경로 C의 내부와 C에서 해석적인 함수로 이루어진 함수열이고 $\{f_n(z)\}$이 C의 내부와 C에서 함수 $f(z)$로 균등수렴한다고 하자. $f(z)$이 C에서 0을 갖지 않으면 C의 내부에서 $f(z) = 0$을 만족시키는 점의 개수는 n이 충분히 클 때 C의 내부에서 $f_n(z) = 0$이 되는 점의 개수와 같다.

증명. [6] 참고 ∎

연습문제

1. 급수 $\sum_{n=1}^{\infty} f_n(z)$가 균등수렴하면 함수열 $\{f_n(z)\}$는 0으로 균등수렴함을 보이시오.

2. 급수 $\sum_{n=0}^{\infty} z^n$은 열린 원판 $B = \{\, z \,:\, |z| < 1\,\}$에서 해석함수 $f(z) = \dfrac{1}{1-z}$로 점별수렴함을 보여라. 또, $r < 1$일 때, 급수 $\sum_{n=0}^{\infty} z^n$은 닫힌 원판 $B_r = B(0,r) = \{\, z \,:\, |z| \le r\,\}$에서 균등수렴하고 절대수렴함을 보이시오. (**도움말:** 바이어슈트러스 M-판정법을 이용하여라.)

3. 자연수 k에 대하여 급수

$$\sum_{n=1}^{\infty} (\log n)^k n^{-z}$$

은 집합 $\{z \,:\, \mathrm{Re}\, z > 1\}$에서 해석적임을 보이시오.

4. 급수

$$\sum_{n=1}^{\infty} \frac{1}{n! z^n}$$

은 $\mathbb{C} - \{0\}$에서 해석적임을 보이시오. 또, 중심이 원점이고 반지름의 길이가 1인 단위원을 C라고 할 때, 적분

$$\int_C \left(\sum_{n=1}^{\infty} \frac{1}{n! z^n} \right) dz$$

을 구하시오.

5. 함수

$$\zeta(z) = \sum_{n=1}^{\infty} n^{-z}$$

는 구역 $A = \{z : \operatorname{Re} z > 1\}$에서 해석적임을 보이시오. 또 집합 A에서 $\zeta(z)$의 도함수 $\zeta'(z)$를 구하시오. 함수 ζ를 **리만 ζ 함수**라고 한다.

6. 함수

$$f(z) = \sum_{n=1}^{\infty} \frac{z^n}{n^2}$$

은 구역 $A = \{z : |z| < 1\}$에서 해석적임을 보이고, 도함수 $f'(z)$를 구하시오.

7. 중심이 원점이고 반지름의 길이가 $\frac{1}{2}$인 원을 C라고 할 때, 다음 적분값을 구하시오.

$$\int_C \left(\sum_{n=-1}^{\infty} z^n \right) dz$$

8. 급수

$$\sum_{n=1}^{\infty} \frac{1}{z^n}$$

는 $A = \{z : |z| > 1\}$에서 해석적임을 보이시오.

7.2 거듭제곱 급수와 테일러 급수

복소수 a_n과 b에 대하여 다음과 같은 형식적인 표현

$$a_0 + \sum_{n=1}^{\infty} a_n(z-b)^n = \sum_{n=0}^{\infty} a_n(z-b)^n \tag{7.1}$$

을 $z-b$에 대한 **거듭제곱 급수**(power series)라고 한다. 특히, $b=0$이면 식 (7.1)은

$$\sum_{n=0}^{\infty} a_n z^n \tag{7.2}$$

과 같이 $z=0$에서의 거듭제곱 급수가 된다. 이 장에서는 거듭제곱 급수 (7.2)의 수렴성과 복소함수에 대한 거듭제곱 급수 표현에 대하여 알아보자. 식 (7.2)에서 z 대신에 $z-b$를 대입하면 거듭제곱 급수 (7.1)을 얻는다.

정리 7.2.1 거듭제곱 급수 $\sum_{n=0}^{\infty} a_n z^n$이 점 $z=z_0$에서 수렴하면 $|z|<|z_0|$인 임의의 점 z에서 급수 $\sum_{n=0}^{\infty} a_n z^n$은 절대수렴한다.

증명. 급수 $\sum_{n=0}^{\infty} a_n z_0^n$이 수렴하므로 $\lim_{n\to\infty} a_n z_0^n = 0$이다. 따라서 모든 자연수 n에 대하여

$$|a_n z_n^n| \le M$$

을 만족시키는 양수 M이 존재한다. 그러므로

$$|a_n||z|^n = \left| a_n z_0^n \left(\frac{z}{z_0}\right)^n \right| \le M \left|\frac{z}{z_0}\right|^n \tag{7.3}$$

$|z|<|z_0|$에 대하여 기하급수 $\sum_{n=0}^{\infty} \left|\frac{z}{z_0}\right|^n$이 수렴하므로 식 (7.3)으로부터

$$\sum_{n=0}^{\infty} |a_n||z|^n \le \sum_{n=0}^{\infty} M \left|\frac{z}{z_0}\right|^n = \frac{M}{1-\left|\frac{z}{z_0}\right|} \quad (|z|<|z_0|)$$

∎

따름정리 7.2.2 거듭제곱 급수 $\sum_{n=0}^{\infty} a_n z^n$이 점 $z = z_0$에서 발산하면 $|z| > |z_0|$인 임의의 점 z에서 급수 $\sum_{n=0}^{\infty} a_n z^n$은 발산한다.

따름정리 7.2.3 거듭제곱 급수 $\sum_{n=0}^{\infty} a_n z^n$이 모든 실수 $z = x$에서 수렴하면 모든 복소수 z에서 수렴한다.

도움정리 7.2.4 (아벨-바이어슈트러스) [1] 양수 r_0과 모든 자연수 n에 대하여 $|a_n| r_0^n \leq M$이라 하자. 그러면 $0 \leq r < r_0$인 실수 r에 대하여 닫힌 원판 $A_r = \{ z : |z| \leq r \}$에서 거듭제곱 급수 $\sum_{n=0}^{\infty} a_n z^n$은 균등수렴하고 절대수렴한다.

증명. $z \in A_r$에 대하여

$$|a_n z^n| \leq |a_n| r^n = |a_n| r_0^n \left(\frac{r}{r_0} \right)^n \leq M \left(\frac{r}{r_0} \right)^n$$

이때 $M_n = M \left(\frac{r}{r_0} \right)^n$으로 놓으면 $\frac{r}{r_0} < 1$이므로 급수 $\sum_n M_n$이 수렴한다. 따라서 바이어슈트러스 M-판정법(정리 7.1.10)에 의해 급수 $\sum_{n=0}^{\infty} a_n z_0^n$은 A_r에서 절대수렴하고 균등수렴한다. ∎

정리 7.2.5 거듭제곱 급수 $\sum_{n=0}^{\infty} a_n z^n$에 대하여 다음 조건을 만족시키는 수 R, $0 \leq R \leq \infty$가 하나씩 대응된다:

(1) 주어진 급수가 $|z| < R$에서 절대수렴한다.

(2) 주어진 급수가 $|z| \leq R_o < R$에서 균등수렴한다.

(3) 주어진 급수가 $|z| > R$에서 발산한다.

[1] Abel-Weierstrass

증명. (i) 거듭제곱 급수 $\sum_{n=0}^{\infty} a_n z^n$이 원점 $z = 0$에서만 수렴하는 경우에는 $R = 0$이다.

(ii) 거듭제곱 급수 $\sum_{n=0}^{\infty} a_n z^n$이 $z_0 \neq 0$인 점 z_0에서 수렴하는 경우

급수 $\sum_{n=0}^{\infty} |a_n||z|^n$ 이 $|z| < r$에서 수렴하는 양수 r의 집합을 S로 놓자. 즉,

$$S = \left\{ r \ : \ |z| < r\text{에서 } \sum_{n=0}^{\infty} |a_n||z|^n\text{는 수렴} \right\}$$

이때 R를

$$R = \begin{cases} \sup S & S\text{는 유계} \\ \infty & S\text{는 비유계} \end{cases}$$

로 정의하자. $|z_0| < R$인 점 z_0에 대하여 $|z_0| < \rho < R$인 양수 ρ를 택하면 S와 R의 정의로부터 $\rho \in S$이고 급수 $\sum_{n=0}^{\infty} |a_n||z|^n$은 수렴한다. z_0는 $|z_0| < R$인 임의의 점이므로 (1)이 성립한다.

$|z| \leq R_0 < R$에 대하여 $M_n = |a_n|R_0^n$으로 놓으면 집합 S의 정의에 의해 $\sum_{n=0}^{\infty} M_n$은 수렴한다. 따라서 바이어슈트러스 M-판정법(정리 7.1.10)에 의해 $\sum_{n=0}^{\infty} a_n z^n$은 $|z| \leq R_0$에서 균등수렴한다. 그러므로 (2)가 성립한다.

끝으로, 만일 $|z_1| > R$인 z_1에 대하여 $\sum_{n=0}^{\infty} a_n z_1^n$이 수렴하면 $|z_1| \in S$이다. 이것은 $|z_1| > R = \sup S$에 모순이다. 그러므로 (3)이 성립한다. ∎

정리 7.2.5를 만족시키는 실수 R를 거듭제곱 급수 $\sum_{n=0}^{\infty} a_n z^n$의 **수렴반경**(radius of convergence)라고 한다. R가 거듭제곱 급수 $\sum_{n=0}^{\infty} a_n z^n$의 수렴반경이면 급수는 원 $|z| = R$의 내부에서는 수렴하고 외부에서는 발산한다.

보기 7.2.1 거듭제곱 급수 $\sum_{n=1}^{\infty} \frac{z^n}{n^2}$은 $|z| \le 1$에서 절대수렴하고 균등수렴한다 (보기 7.1.4). $z = 1 + \epsilon$, $\epsilon > 0$이면 $\frac{z^n}{n^2} \to \infty$이므로 급수 $\sum_{n=1}^{\infty} \frac{z^n}{n^2}$은 발산하다. 따라서 거듭제곱 급수 $\sum_{n=1}^{\infty} \frac{z^n}{n^2}$의 수렴반경은 $R = 1$이다.

정리 7.2.6 (수렴 판정법) **거듭제곱 급수** $\sum_{n=0}^{\infty} a_n z^n$**에 대하여**

(1) (**근판정법**) $L = \lim_{n\to\infty} |a_n|^{\frac{1}{n}}$**이면 급수** $\sum_{n=0}^{\infty} a_n z^n$**의 수렴반경은** $R = \frac{1}{L}$**이다. 이때** $L = 0$**이면** $R = \infty$**이고** $L = \infty$**이면** $R = 0$**이다.**

(2) (**비판정법**) **극한**

$$\lim_{n\to\infty} \frac{|a_{n+1}|}{|a_n|} = \ell$$

이면 급수 $\sum_{n=0}^{\infty} a_n z^n$**의 수렴반경은** $R = \frac{1}{\ell}$**이다. 이때** $\ell = 0$**이면** $R = \infty$**이고** $\ell = \infty$**이면** $R = 0$**이다.**

증명.

(1) 가정으로부터

$$\lim_{n\to\infty} |a_n z^n|^{\frac{1}{n}} = \lim_{n\to\infty} |a_n|^{\frac{1}{n}} |z| = L|z|$$

이다. 따라서 근판정법(정리 7.1.4)에 의해 $L|z| < 1$이면 거듭제곱 급수 $\sum_{n=0}^{\infty} a_n z^n$은 수렴한다. 즉, $|z| < \frac{1}{L}$이면 급수가 수렴하므로 수렴반경은 $R = \frac{1}{L}$이다.

(2) 가정에 의해

$$\lim_{n\to\infty} \left| \frac{a_{n+1} z^{n+1}}{a_n z^n} \right| = |z|\ell$$

이므로 위의 (1)과 같이 근판정법(정리 7.1.4)에 의해 정리가 성립한다. ∎

도움정리 7.2.7 **다음 두 거듭제곱 급수**

$$\sum_{n=0}^{\infty} a_n z^n, \quad \sum_{n=1}^{\infty} n a_n z^n$$

의 수렴반경은 서로 같다.

증명. 극한의 성질에 의해 $\lim_{n\to\infty} n^{\frac{1}{n}} = 1$이므로

$$\lim_{n\to\infty} |na_n|^{\frac{1}{n}} = \lim_{n\to\infty} n^{\frac{1}{n}} |a_n|^{\frac{1}{n}} = \lim_{n\to\infty} |a_n|^{\frac{1}{n}}$$

이므로 정리가 성립한다. ∎

정리 7.2.8 **열린 원판** $|z| < R$**에서 거듭제곱 급수** $\sum_{n=0}^{\infty} a_n z^n$**가 함수** $f(z)$**로 점별 수렴하면 극한 함수** $f(z)$**는** $|z| < R$**에서 해석적이고 도함수는**

$$f'(z) = \sum_{n=1}^{\infty} n a_n z^{n-1}$$

이다.

증명. 가정에 의해 $|z| \le R_0 < R$에서 거듭제곱 급수 $\sum_{n=0}^{\infty} a_n z^n$는 균등수렴한다. R_0은 $R_0 < R$인 임의의 양수이므로 해석적 수렴정리(정리 7.1.13)에 의해 $f(z)$는 $|z| < R$에서 해석함수이다.

점 z_0가 $|z_0| < R$일 때, $f'(z) = \sum_{n=1}^{\infty} n a_n z^{n-1}$임을 보이기 위해서는 임의의 양수 $\epsilon > 0$에 대하여 양수 $\delta = \delta(z_0, \epsilon) > 0$이 존재하여 $|z - z_0| < \delta$이면

$$\left| \frac{f(z) - f(z_0)}{z - z_0} - \sum_{n=1}^{\infty} n a_n z_0^n \right| < \epsilon$$

임을 보이면 된다. z_0과 매우 가까운 점 z에 대하여 $|z_0| < \rho$, $|z| < \rho$인 양수 $\rho\,(0 < \rho < R)$를 택하자.

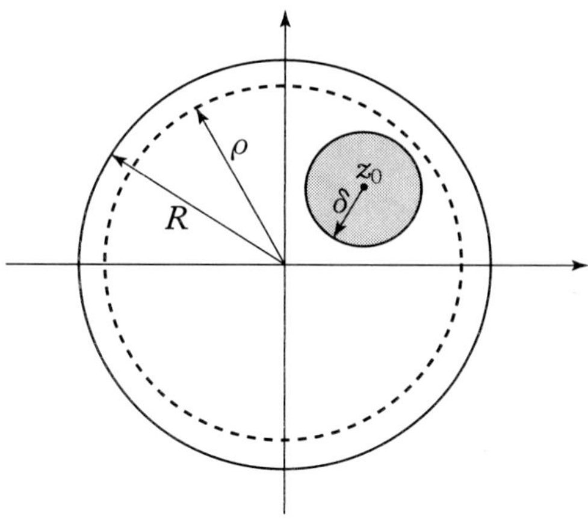

그림 7.2.

자연수 N에 대하여 $P_N(z) = \sum_{n=0}^{N} a_n z^n$으로 놓으면

$$\begin{aligned}\frac{f(z)-f(z_0)}{z-z_0} &= \sum_{n=0}^{N} a_n \frac{z^n - z_0^n}{z-z_0} + \sum_{n=N+1}^{\infty} a_n \frac{z^n - z_0^n}{z-z_0} \\ &= \frac{P_N(z)-P_N(z_0)}{z-z_0} + \sum_{n=N+1}^{\infty} a_n \frac{z^n - z_0^n}{z-z_0}\end{aligned}$$

$P_N'(z_0) = \sum_{n=1}^{N} n a_n z_0^{n-1}$이므로

$$\begin{aligned}&\left|\frac{f(z)-f(z_0)}{z-z_0} - \sum_{n=1}^{\infty} n a_n z_0^n\right| \\ &= \left|\frac{P_N(z)-P_N(z_0)}{z-z_0} - P_N'(z_0) + \sum_{n=N+1}^{\infty} a_n \frac{z^n - z_0^n}{z-z_0} - \sum_{n=N+1}^{\infty} n a_n z_0^{n-1}\right| \\ &\le \left|\frac{P_N(z)-P_N(z_0)}{z-z_0} - P_N'(z_0)\right| + \left|\sum_{n=N+1}^{\infty} a_n \frac{z^n - z_0^n}{z-z_0}\right| + \left|\sum_{n=N+1}^{\infty} n a_n z_0^{n-1}\right| \\ &=: A_1 + A_2 + A_3\end{aligned}$$

다항함수 $P_N(z)$는 미분가능하므로 양수 $\epsilon > 0$에 대하여 $\delta = \delta(z_0, \epsilon) > 0$이 존재하여 $|z - z_0| < \delta$이면

$$\left| \frac{P_N(z) - P_N(z_0)}{z - z_0} - P_N'(z_0) \right| < \frac{\epsilon}{2} \tag{7.4}$$

이다. 한편

$$\begin{aligned} \left| \frac{z^n - z_0^n}{z - z_0} \right| &= \left| z^{n-1} + z^{n-2} z_0 + \cdots + z z_0^{n-2} + z_0^{n-1} \right| \\ &\le |z|^{n-1} + |z|^{n-2}|z_0| + \cdots + |z||z_0|^{n-2} + |z_0|^{n-1} \\ &\le n\rho^{n-1} \end{aligned}$$

$\rho < R$이므로 정리 7.2.5에 의해 $\displaystyle\sum_{n=1}^{\infty} n|a_n|\rho^{n-1}$은 수렴한다. 따라서 자연수 N이 존재하여 $n \ge N$이면

$$\sum_{n=N+1}^{\infty} n|a_n|\rho^n < \frac{\epsilon}{4}$$

그러므로

$$A_2 + A_3 \le 2 \sum_{n=N+1}^{\infty} n|a_n|\rho^n < \frac{\epsilon}{2}$$

결과적으로 $A_1 + A_2 + A_3 < \epsilon$이므로

$$f'(z_0) = \sum_{n=1}^{\infty} n a_n z_0^{n-1}$$

z_0는 임의의 수이므로 정리가 성립한다. ∎

따름정리 7.2.9 같은 점에 대한 거듭제곱 급수 표현은 유일하다. 다시 말해서, 열린 원판 $B(z_0, r)$ $(r > 0)$의 모든 z에서

$$\sum_{n=0}^{\infty} a_n (z - z_0)^n = f(z) = \sum_{n=0}^{\infty} b_n (z - z_0)^n$$

이면 $n = 0, 1, 2, \cdots$ 에 대하여 $a_n = b_n$이다.

증명. $a_0 = f(z_0) = b_0$이다. 정리 7.2.8에 의해

$$f'(z) = \sum_{n=1}^{\infty} na_n z^{n-1} = \sum_{n=1}^{\infty} nb_n z^{n-1}$$

따라서 $a_1 = f'(z_0) = b_1$이다. 도함수 $f'(z)$에 정리 7.2.8를 적용하면

$$f''(z) = \sum_{n=2}^{\infty} n(n-1)a_n z^{n-2} = \sum_{n=2}^{\infty} n(n-1)b_n z^{n-2}$$

따라서 $a_2 = \dfrac{f''(z_0)}{2} = b_2$이다. 같은 방법으로 정리 7.2.8를 적용하면 $n = 0, 1, 2, 3, \cdots$에 대하여

$$a_n = \frac{f^{(n)}(z_0)}{n!} = b_n$$

이 성립한다. ∎

정리 7.2.10 (테일러 정리) **함수 $f(z)$가 영역 $\mathcal{D}$에서 해석적이고 $z_0 \in \mathcal{D}$에 대하여 열린 원판 $B = B(z_0, r) = \{ z : |z - z_0| < r \} \subset \mathcal{D}$이라고 하자. 그러면 임의의 $z \in B$에 대하여 거듭제곱 급수**

$$\sum_{n=0}^{\infty} \frac{f^{(n)}(z_o)}{n!}(z - z_0)^n$$

는 수렴하고

$$f(z) = \sum_{n=0}^{\infty} \frac{f^{(n)}(z_o)}{n!}(z - z_o)^n \tag{7.5}$$

이다.

증명. $0 < \rho < r$라 하고, $C : |\zeta - z_0| = \rho$라고 하자. z가 원 C의 내부에 있는 점이면 즉, $|z - z_0| < \rho$이면 코시 적분공식에 의해

$$f(z) = \frac{1}{2\pi i} \int_C \frac{f(\zeta)}{\zeta - z} d\zeta$$

$\left|\dfrac{z-z_0}{\zeta-z_0}\right|<1$이므로

$$\frac{1}{\zeta-z}=\frac{1}{\zeta-z_0}\cdot\frac{1}{1-\frac{z-z_0}{\zeta-z_0}}=\frac{1}{\zeta-z_0}\cdot\sum_{n=0}^{\infty}\left(\frac{z-z_0}{\zeta-z_0}\right)^n$$

따라서

$$\begin{aligned} f(z) &= \frac{1}{2\pi i}\int_C \frac{f(\zeta)}{\zeta-z_0}\sum_{n=0}^{\infty}\left(\frac{z-z_0}{\zeta-z_0}\right)^n d\zeta \\ &= \frac{1}{2\pi i}\int_C \sum_{n=0}^{\infty}\frac{f(\zeta)(z-z_0)^n}{(\zeta-z_0)^{n+1}}\,d\zeta \end{aligned}$$

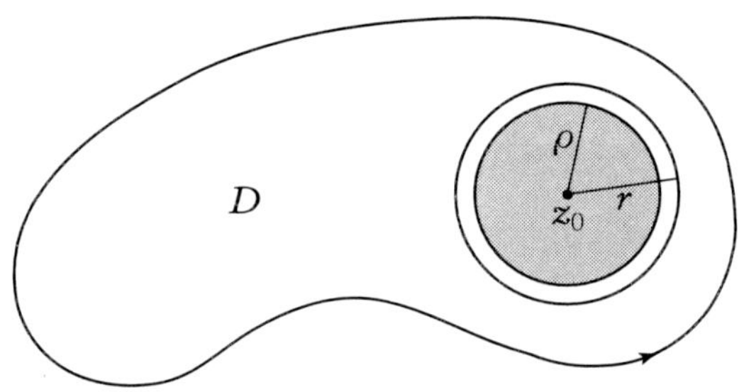

그림 7.3.

$\displaystyle\sum_{n=0}^{\infty}\left(\frac{z-z_0}{\zeta-z_0}\right)^n$은 원 C에서 균등수렴하고 $f(z)$는 C에서 유계이므로 급수

$$\sum_{n=0}^{\infty}\frac{f(\zeta)(z-z_0)^n}{(\zeta-z_0)^{n+1}}$$

는 원 C에서 $\dfrac{f(\zeta)}{\zeta-z}$로 균등수렴한다. 따라서

$$\begin{aligned} f(z) &= \sum_{n=0}^{\infty}(z-z_0)^n\frac{1}{2\pi i}\int_C \frac{f(\zeta)}{(\zeta-z_0)^{n+1}}\,d\zeta \\ &= \sum_{n=0}^{\infty}\frac{f^{(n)}(z_0)}{n!}(z-z_0)^n \end{aligned}$$

∎

식 (7.5)를 점 z_0 근방에서 함수 $f(z)$의 **테일러 급수**(Taylor series)라고 한다. 특히, $z_0 = 0$일 때, 거듭제곱 급수

$$\sum_{n=0}^{\infty} \frac{f^{(n)}(0)}{n!} z^n$$

를 함수 $f(z)$의 **맥클로린 급수**(Maclaurin series)라고 한다. 정리 7.2.8과 정리 7.2.10으로부터 복소함수 $f(z)$가 해석적일 필요충분조건은 $f(z)$를 수렴하는 거듭제곱 급수로 나타낼 수 있다는 것임을 알 수 있다.

끝으로, 수렴하는 수열에 대하여 해석함수가 성립시키는 성질에 대하여 살펴보자

정리 7.2.11 함수 $f(z)$가 열린 원판 $|z - z_0| < R$에서 해석적이고 $\{z_n\}$은 z_0으로 수렴하는 각 항이 서로 다른 수열이라고 하자. 모든 n에 대하여 $f(z_n) = 0$이면 $|z - z_0| < R$에서 $f(z) \equiv 0$이다.

증명. 테일러 정리(정리 7.2.10)에 의해

$$f(z) = a_0 + \sum_{n=1}^{\infty} a_n(z - z_0) \quad (|z - z_0| < R)$$

이고

$$a_n = \frac{f^{(n)}(z_0)}{n!}$$

이다. 함수 $f(z)$가 점 z_0에서 연속이므로 $n \to \infty$일 때 $f(z_n) \to f(z_0)$이다. 따라서

$$\lim_{n\to\infty} f(z_n) = 0 = f(z_0) = a_0$$

$a_0 = 0$이므로

$$f(z) = (z - z_0)\left(a_1 + \sum_{n=2}^{\infty} a_n(z - z_0)^{n-1}\right)$$

따라서

$$\frac{f(z_n)}{z_n - z_0} = a_1 + \sum_{n=2}^{\infty} a_n(z - z_0)^{n-1}$$

이므로

$$a_1 = \lim_{n\to\infty} \frac{f(z_n)}{z_n - z_0} = 0$$

같은 방법으로

$$f(z) = (z - z_0)^2 \left(a_2 + \sum_{n=3}^{\infty} a_n (z - z_0)^{n-2} \right)$$

이므로

$$a_2 = \lim_{n\to\infty} \frac{f(z_n)}{z_n - z_0} = 0$$

귀납적 방법으로 모든 n에 대하여 $a_n = 0$이므로 $f(z) = 0$이다. ■

따름정리 7.2.12 함수 $f(z)$가 점 $z = z_0$에서 해석적이면 점 z_0의 근방에서 $f(z) \equiv 0$이거나 양수 $r > 0$가 존재하여 중심제거 근방 $0 < |z - z_0| \leq r$에서 $f(z) \neq 0$이다.

정리 7.2.13 함수 $f(z)$가 영역 $\mathcal{D}$에서 해석적이고 $\{z_n\}$은 $\mathcal{D}$에서 z_0로 수렴하는 각 항이 서로 다른 수열이라고 하자. 모든 n에 대하여 $f(z_n) = 0$이면 $\mathcal{D}$에서 $f(z) \equiv 0$이다.

증명. 두 집합 A, B를 각각 다음과 같이 정의하자.

$$A = \{a \in \mathcal{D} : a\text{의 근방에서 } f(z) = 0\}$$

$$B = \{a \in \mathcal{D} : a\text{의 제거근방에서 } f(z) \neq 0\}$$

따름정리 7.2.12에 의해

$$\mathcal{D} = A \cup B$$

이고 두 집합 A, B 모두 열린 집합임을 알 수 있다. $\mathcal{D}$가 연결집합이므로 A 또는 B 중 하나는 공집합이다. 정리 7.2.11에 의해 $z_0 \in A$이므로 $B = \emptyset$이고 $A = \mathcal{D}$이다. 즉 영역 $\mathcal{D}$에서 $f(z) = 0$이다. ■

정리 7.2.14 (항등 정리) 수열 $\{z_n\}$이 $\mathcal{D}$에서 수렴하는 각 항이 서로 다른 수열이라고 하자. 두 함수 $f(z)$와 $g(z)$가 영역 $\mathcal{D}$에서 해석적이고 모든 n에 대하여 $f(z_n) = g(z_n)$이면 $\mathcal{D}$에서 $f(z) \equiv g(z)$이다.

증명. 함수 $h(z)$를 $h(z) = f(z) - g(z)$로 정의하고 정리 7.2.13를 적용하면 $h(z) \equiv 0$이다. ∎

연습문제

1. 거듭제곱 급수 $\sum_{n=0}^{\infty} a_n z^n$의 수렴반경이 R일 때 $|z_0| > R$이면 수열 $\{a_n z_0^n\}$은 유계가 아님을 보이시오.

2. 다음 거듭제곱 급수의 수렴반경을 구하시오.

(1) $\displaystyle\sum_{n=1}^{\infty} \frac{n^k}{a^n} z^n$ (a와 k는 고정)

(2) $\displaystyle\sum_{n=1}^{\infty} \left(1 + \frac{1}{n}\right)^{n^2} z^n$

3. 정수 k에 대하여 거듭제곱 급수

$$\sum_{n=1}^{\infty} \left(\frac{n^k}{n^{\log n}}\right) z^n$$

의 수렴반경은 $R = 1$임을 보이시오.

4. 원점 $z_0 = 0$에서 함수 $f(z) = \log(1 + z)$의 테일로 급수를 구하고, 수렴반경을 구하시오.

5. 원점 $z_0 = 0$에서 함수 $f(z) = \dfrac{1}{4 + z^2}$의 테일로 급수를 구하고, 수렴반경을 계산하시오.

6. 다음을 보이시오.

(1) 단위원 $|z| = 1$에서 $z \neq 1$이면 거듭제곱 급수 $\displaystyle\sum_{n=1}^{\infty} \frac{z^n}{n}$은 수렴함을 보이시오.

(2) $|z_1| = 1$에 대하여 $z \neq z_1$이면 거듭제곱 급수 $\displaystyle\sum_{n=1}^{\infty} \frac{1}{n}\left(\frac{z}{z_1}\right)^n$은 수렴함을 보이시오.

제 8 장

로랑 급수와 유수정리

테일러 정리에 의하면 해석함수는 항상 거듭제곱 급수 전개가 가능하다. 이 장에서는 해석적이지 않은 점을 포함하고 있는 복소함수의 거듭제곱 급수 전개에 대하여 알아보고, 이의 응용으로 적분 경로의 내부에 해석적이지 않은 점을 포함하고 있는 복소함수의 적분에 대하여 살펴보자. 해석적이지 않은 점을 포함하는 복소함수의 거듭제곱 급수는 다항함수 뿐만 아니라 유리함수를 포함한다. 이를 로랑 급수(Laurent series)라고 하다. 로랑 급수를 이용하면 적분 경로의 내부에 해석적이지 않은 점을 포함하는 복소함수의 적분에 대한 공식을 얻을 수 있는데 이를 유수정리(residue theorem)라고 한다. 한편, 유수정리를 이용하면 미적분학을 이용하여 구할 수 없는 실함수(real-valued function)의 적분이 가능하다. 이 장의 끝 부분에서 유수정리를 이용한 실함수의 적분에 대하여 알아보기로 한다.

8.1 특이점

복소함수가 해석적이지 않은 점을 특이점(singularity)이라고 한다.

정의 8.1.1 (1) **단가 함수 $f(z)$가 점 z_0에서 해석적이지 않을 때, z_0을 함수 $f(z)$의 특이점이라고 한다. 이때, 함수 $f(z)$가 점 z_0에서 특이점을 갖는다고 한다.**

(2) **함수 $f(z)$가 점 z_0을 제외한 그 근방에서 해석적일 때, 점 z_0를 고립 특이점(isolated singularity)이라고 한다.**

복소함수의 특이점은 세 가지 형태가 있다.

참고 8.1.2 점 z_0가 함수 $f(z)$의 고립 특이점이면 함수 $f(z)$는 점 z_0 근방에서 다음과 같은 성질을 가질 수 있다:

(1) $f(z)$가 z_0을 제외한 근방에서 유계이다.

보기: 함수 $f(z) = \dfrac{\sin z}{z}$ $(z \neq 0)$는 원점 근방에서 유계이다. 이 경우 $f(0) = 1$로 정의하면 함수 $f(z)$는 복소평면 전체에서 해석적인 함수가 된다.

(2) $z \to z_0$이면 $f(z) \to \infty$일 수 있다.

보기: 함수 $f(z) = \dfrac{1}{z}$ $(z \neq 0)$로 놓으면 함수 $f(z)$는 원점에서 고립 특이점을 갖는다. 또한, $z \to 0$이면 $\dfrac{1}{z} \to \infty$이다.

(3) 함수 $f(z)$가 위의 (1) 또는 (2) 이외의 경우를 만족시킨다.

보기: 함수 $f(z) = e^{\frac{1}{z}}$ $(z \neq 0)$이라고 하자. $z = x$ (단, x는 실수)이면

$$\lim_{x \to 0^+} e^{\frac{1}{x}} = \infty, \qquad \lim_{x \to 0^-} e^{\frac{1}{x}} = 0$$

정리 8.1.3 (리만 정리) 함수 $f(z)$가 점 $z = z_0$에서 고립 특이점을 갖고, 점 z_0을 제외한 근방에서 유계이면 함수 $f(z)$는 점 z_0를 포함한 근방에서 해석적인 함수가 되도록 확장시킬 수 있다.

증명. 양수 $R > 0$에 대하여 함수 $f(z)$가 중심 제거 (닫힌) 원판 $0 < |z - z_0| \leq R$에서 해석적이라고 하자. 이 원판의 내부에 속하는 임의의 점 $z_1 \neq z_0$에 대하여 $r < |z_1 - z_0| < R$를 만족시키는 양수 $r > 0$를 택하면 함수 $f(z)$는 두 원 $C : |z - z_0| = R$와 $C_1 : |z - z_0| = r$에 의해 둘러싸인 고리에서 해석적이다.

코시 적분 공식에 의해

$$f(z_1) = \frac{1}{2\pi i} \int_C \frac{f(\zeta)}{\zeta - z_1}\, d\zeta - \frac{1}{2\pi i} \int_{C_1} \frac{f(\zeta)}{\zeta - z_1}\, d\zeta \tag{8.1}$$

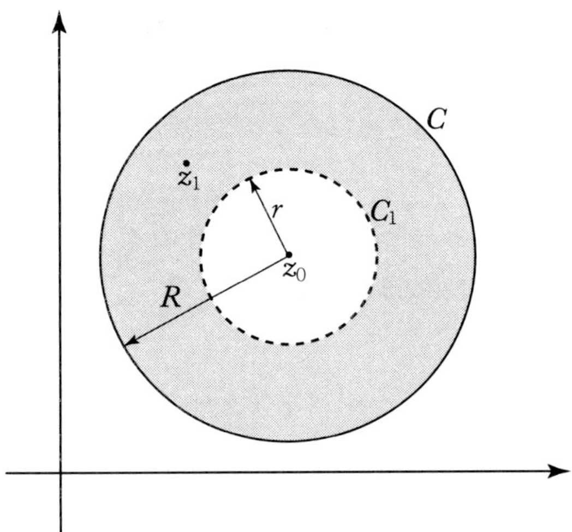

그림 8.1.

식 (8.1)의 값은 반지름의 길이 r의 선택에 관계없이 일정한 값을 갖는다.

주장: 식 (8.1)의 우변에 있는 두 번째 항은 0이다.

가정에 의해 $0 < |z - z_0| \leq R$인 모든 z에 대하여 $|f(z)| \leq M$인 양수 M이 존재한다. 따라서

$$(8.2) \qquad \left|\frac{1}{2\pi i}\int_{C_1}\frac{f(\zeta)}{\zeta - z_1}\,d\zeta\right| \leq \frac{M}{2\pi}\int_{C_1}\frac{|d\zeta|}{|\zeta - z_1|} \leq \frac{M}{2\pi}\cdot\frac{2\pi r}{|z_1 - z_0| - r}$$

$r \to 0$이면 식 (8.2)의 우변이 0으로 수렴하므로 **주장**이 성립한다.

위의 **주장**으로부터

$$(8.3) \qquad f(z_1) = \frac{1}{2\pi i}\int_C \frac{f(\zeta)}{\zeta - z_1}\,d\zeta$$

z_1은 원판 $|z - z_0| < r$에 속하는임의의 점이므로 다음 적분식

$$(8.4) \qquad f(z) = \frac{1}{2\pi i}\int_C \frac{f(\zeta)}{\zeta - z}\,d\zeta$$

는 중심 제거 원판 $0 < |z - z_0| < R$에 속하는 모든 z에 대하여 성립한다. 코시 적분 공식 II(정리 6.1.3)의 증명에서 식 (8.4)로 주어지는 함수는 해석함수임을 보였다. 그러므로

$$f(z_0) = \frac{1}{2\pi i}\int_C \frac{f(\zeta)}{\zeta - z}\,d\zeta$$

로 정의하면 함수 $f(z)$는 z_0에서 해석적이므로 원판 $|z-z_0|<R$에서 해석함수가 된다. ∎

따름정리 8.1.4 함수 $f(z)$가 $z=z_0$에서 고립 특이점을 갖고, z_0을 제외한 근방에서 유계이면 극한 $\lim_{z\to z_0} f(z)$이 존재한다.

증명. 해석함수는 연속함수이므로 정리 8.1.3에서 함숫값 $f(z_0)$은 $\lim_{z\to z_0} f(z)=f(z_0)$으로 주어진다. ∎

정의 8.1.5 점 z_0가 함수 $f(z)$의 고립 특이점이라고 하자. 극한 $\lim_{z\to z_0} f(z)$이 존재하면 z_0을 제거가능 특이점(removable singularity)이라고 한다.

참고 8.1.2에 있는 두 번째 형태의 특이점에 대하여 알아보자. 함수 $f(z)$가 점 $z=z_0$을 제외한 근방에서 해석적이라고 하자. 양의 정수 k에 대하여 극한

$$\lim_{z\to z_o}(z-z_o)^k f(z)=a \ \ (\text{단, } a\neq 0,\ \infty)$$

일 때, 점 z_0을 차수가 k인 함수 $f(z)$의 극점이라고 한다. 참고 8.1.2에 있는 두 번째 형태의 특이점에 대하여 다음 정리가 성립한다.

정리 8.1.6 함수 $f(z)$가 $z=z_0$에서 고립 특이점을 갖고, $z\to z_0$일 때 $f(z)\to\infty$이면 z_0는 함수 $f(z)$의 극점이다.

증명. $z\to z_0$일 때 $f(z)\to\infty$이면 함수 $g(z):=\dfrac{1}{f(z)}$는 z_0의 중심제거 근방에서 유계이므로 리만정리(정리 8.1.3)에 의해 z_0은 함수 $g(z)$의 제거가능 특이점이다. 따라서 함수 $g(z)$는

$$g(z)=\frac{1}{f(z)}=a_0+a_1(z-z_0)+a_2(z-z_0)^2+\cdots$$

로 나타낼 수 있다. 그러므로

$$a_0=\lim_{z\to z_0} g(z)=\lim_{z\to z_0}\frac{1}{f(z)}=0$$

$g(z)$를 급수로 나타내었을 때 계수 a_i가 모두 0일 수는 없다. 모든 i에 대하여 $a_i = 0$이면 z_0의 중심제거 근방에서 $f(z) \equiv \infty$이므로 모순이다. $a_i \neq 0$인 자연수 i 중에서 가장 작은 자연수를 k로 놓으면

$$g(z) = \frac{1}{f(z)} = a_k(z - z_0)^k + a_{k+1}(z - z_0)^{k+1} + \cdots$$

로 나타낼 수 있으므로

$$\frac{1}{f(z)(z - z_0)^k} = a_k + a_{k+1}(z - z_0) + \cdots$$

이다. 따라서

$$\lim_{z \to z_0} \frac{1}{f(z)(z - z_0)^k} = a_k \neq 0$$

즉,

$$\lim_{z \to z_0} (z - z_0)^k f(z) = \frac{1}{a_k}$$

이므로 점 z_0은 차수가 k인 함수 $f(z)$의 극점이다. ∎

따름정리 8.1.7 점 $z = z_0$이 차수가 k인 함수 $f(z)$의 극점이면 $f(z)$는 다음과 같이 나타낼 수 있다.

$$f(z) = \sum_{n=-k}^{\infty} b_n(z - z_o)^n$$

증명. 정리 8.1.6의 증명에서와 같이

$$\frac{1}{f(z)(z - z_0)^k} = a_k + a_{k+1}(z - z_0) + \cdots \quad (a_k \neq 0)$$

는 점 $z = z_0$에서 해석적이다. $a_k \neq 0$이므로 연속함수의 성질에 의해 점 z_0의 근방에서

$$\frac{1}{f(z)(z - z_0)^k} \neq 0$$

이다. 따라서 $f(z)(z - z_0)^k$는 점 z_0에서 해석적이고 급수

$$f(z)(z - z_0)^k = \sum_{m=0}^{\infty} c_m(z - z_0)^m \quad \left(c_0 = \frac{1}{a_k} \neq 0\right)$$

는 z_0의 근방에서 수렴하는 유효한 표현이다. 즉,

$$f(z) = \sum_{m=0}^{\infty} c_m (z - z_0)^{m-k} \tag{8.5}$$

첨자를 $n = m - k$, $b_n = c_{m+k}$로 바꾸면 식 (8.5)는

$$f(z) = \sum_{m=0}^{\infty} c_m (z - z_0)^{m-k} = \sum_{n=-k}^{\infty} b_n (z - z_0)^n$$

으로 나타낼 수 있다. ∎

정의 8.1.8 제거가능 특이점이나 극점이 아닌 고립 특이점을 **본질적 특이점**(essential singularity)이라고 한다.

정리 8.1.9 (카소라티-바이어슈트러스) [1] **함수 $f(z)$가 점 $z = z_0$에서 본질적 특이점을 가지면 임의의 복소수 a에 대하여 점 z_0의 중심제거 근방에서 $f(z)$와 a를 원하는 만큼 가깝게 할 수 있다.**

증명. 결론을 부정하여 적당한 복소수 a가 존재하여 $0 < |z - z_0| < \delta$의 모든 점 z에 대하여

$$|f(z) - a| \geq \epsilon$$

이라고 가정하자. 이때 $g(z) := \dfrac{1}{f(z) - a}$로 놓으면 $0 < |z - z_0| < \delta$에서

$$|g(z)| = \left| \frac{1}{f(z) - a} \right| \leq \frac{1}{\epsilon}$$

이다. 리만정리(정리 8.1.3)에 의해 점 $z = z_0$은 함수 $g(z)$의 제거 가능 특이점이므로

$$g(z) = \frac{1}{f(z) - a} = a_0 + a_1(z - z_0) + a_2(z - z_0)^2 + \cdots$$

로 나타낼 수 있다. 특히 $\displaystyle\lim_{z \to z_0} \frac{1}{f(z) - a} = a_0$이다.

[1] Casorati-Weierstrass theorem

(경우 1) $a_0 \neq 0$

이 경우 $\lim_{z \to z_0} f(z) = \dfrac{1}{a_0} + a$이므로 $z = z_0$은 함수 $f(z)$의 제거가능 특이점이다.

(경우 2) $a_0 = 0$

$a_i \neq 0$인 i 중에서 가장 작은 자연수를 k라고 하자. 그러면

$$\frac{1}{(f(z)-a)(z-z_0)^k} = a_k + a_{k+1}(z-z_0) + \cdots$$

따라서

$$\lim_{z \to z_0} (z-z_0)^k (f(z)-a) = \lim_{z \to z_0} (z-z_0)^k f(z) = \frac{1}{a_k}$$

그러므로 $f(z)$는 점 z_0에서 차수가 k인 극점을 갖는다.

(경우 1), **(경우 2)** 모두 z_0가 함수 $f(z)$의 본질적 특이점이라는 가정에 모순이므로 부등식 $|f(z)-a| \geq \epsilon > 0$은 성립하지 않는다. ∎

따름정리 8.1.10 함수 $f(z)$가 $z = z_0$에서 본질적 특이점을 갖는다고 하자. 임의의 복소수 a에 대하여 $n \to \infty$일 때, $z_n \to z_0$이고 $f(z_n) \to a$인 수열 $\{z_n\}$이 존재한다.

증명. $n \to \infty$일 때 $\delta_n \to 0$인 수열 $\{\delta_n\}$을 택한 다음, 정리 8.1.9를 적용하면

$$|f(z_n) - a| < \frac{1}{n}, \quad 0 < |z_n - z_0| < \delta_n$$

을 만족시키는 수열 $\{z_n\}$이 존재한다. 따라서 $z_n \to z_0$이면 $f(z_n) \to a$이다. ∎

연습문제

1. 함수 $f(z)$가 점 $z = z_0$에서 고립 특이점을 갖고,

$$\lim_{z \to z_0} (z-z_0)^{\alpha} f(z) = a \neq 0, \infty$$

라고 하자. 그러면 α는 정수임을 보이시오.

2. 함수 $f(z)$가 원점을 제외한 근방에서 해석적이고

$$\lim_{z\to 0}|zf(z)|=0$$

라고 하면, 원점 $z=0$은 함수 $f(z)$의 제거가능 특이점임을 보이시오.

3. 다음 함수의 특이점을 모두 구하고, 각 특이점을 제거가능 특이점, 극점, 본질적 특이점으로 분류하시오.

(1) $\tan z$

(2) $\dfrac{1}{e^{\frac{1}{z}}+1}$

(3) $\dfrac{1}{\sin z-\cos z}$

(4) $e^{z+\frac{1}{z}}$

(5) $\dfrac{(z-1)^{\frac{1}{2}}}{z+1}$

4. 서로 다른 세 점 $1, i, -i$에 대하여 $z=1$에서 제거가능 특이점을 갖고, $z=i$에서 극점을 갖고, $z=-i$에서 본질적 특이점을 갖는 함수를 구하시오.

5. 자연수 n에 대하여 z_n이 함수 $f(z)$의 극점이고 $z_n\to z_0$이면 $f(z)$는 z_0에서 극점을 갖지 않음을 보이시오.

6. 함수 $f(z)$가 점 $z=z_0$에서 차수가 m인 극점을 갖고, $P(z)$가 n차 다항함수이면 합성함수 $P(f(z))$는 점 $z=z_0$에서 차수가 mn인 극점을 가짐을 보이시오.

8.2 로랑 급수

이 절에서는 다음과 같이 유리함수를 항으로 포함하는 거듭제곱 급수에 대하여 알아보자.

$$\sum_{-\infty}^{\infty} a_n(z-z_o)^n$$

급수

$$\sum_{n=1}^{\infty} \frac{b_n}{(z-z_0)^n} \tag{8.6}$$

는 변수 $\dfrac{1}{z-z_0}$에 대한 거듭제곱 급수로 생각할 수 있다. 급수 (8.6)의 수렴반경이 R이면 $\dfrac{1}{|z-z_0|} < R$일 때, 즉 $|z-z_0| > R_1 := \dfrac{1}{R}$에서 급수 (8.6)은 수렴하고, 또 $\displaystyle\sum_{n=1}^{\infty} b_n(z-z_o)^{-n}$은 원 $|z| = R_1$ 밖에서 어떤 해석함수 $f_1(z)$를 나타낸다.

한편, 급수 $\displaystyle\sum_{n=0}^{\infty} a_n(z-z_o)^n$의 수렴반경을 R_2라고 하면 $f_2(z) := \displaystyle\sum_{n=0}^{\infty} a_n(z-z_o)^n$은 $|z-z_0| < R_2$에서 해석적이다. $R_2 > R_1$이면 두 함수 $f_1(z)$와 $f_2(z)$는 고리 $R_1 < |z-z_0| < R_2$에서 해석적이다. 따라서 함수

$$f(z) = f_1(z) + f_2(z) = \sum_{n=1}^{\infty} b_n(z-z_o)^{-n} + \sum_{n=0}^{\infty} a_n(z-z_o)^n$$

는 고리 $R_1 < |z-z_0| < R_2$에 있는 모든 점 z에서 해석적이다. 이때 $a_{-n} = b_n$으로 놓으면

$$f(z) = \sum_{n=-\infty}^{\infty} a_n(z-z_0)^n \tag{8.7}$$

으로 나타낼 수 있다. 식 (8.7) 형태의 급수를 **로랑 급수**(Laurent series)라고 한다.

정리 8.2.1 (로랑 정리) 함수 $f(z)$가 고리 $R_1 < |z-z_0| < R_2$에서 해석적이면 함수 $f(z)$에 대한 다음 급수 표현

$$f(z) = \sum_{n=-\infty}^{\infty} a_n(z-z_0)^n$$

이 고리 $R_1 < |z - z_0| < R_2$에서 성립한다. 여기서 계수 a_n은 z_0을 둘러싸고 고리에 포함되어 있는 단순 폐경로 C에 대하여

$$a_n = \frac{1}{2\pi i}\int_C \frac{f(\zeta)}{(\zeta - z_o)^{n+1}}\,d\zeta$$

로 주어진다.

증명. z가 주어진 고리에 속하는 점이라고 하고,

$$R_1 < R_1' < |z - z_0| < R_2' < R_2$$

인 두 양수 R_1', R_2'을 택하자. 그러면 함수 $f(z)$는 두 원

$$C_1 : |z - z_0| = R_1', \quad C_2 : |z - z_0| = R_2'$$

에 의해 둘러싸인 닫힌 고리에서 해석적이다.

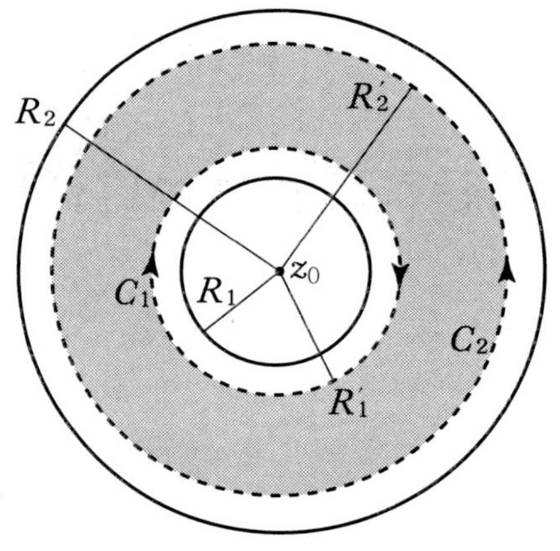

그림 8.2.

코시 적분 공식에 의해

$$f(z) = \frac{1}{2\pi i}\int_{C_2} \frac{f(\zeta)}{\zeta - z}\,d\zeta - \frac{1}{2\pi i}\int_{C_1} \frac{f(\zeta)}{\zeta - z}\,d\zeta \tag{8.8}$$

ζ가 원 C_2 위의 점이고 z는 고리에 속하는 점이면

$$\begin{aligned}\frac{1}{\zeta - z} &= \frac{1}{\zeta - z_0 - (z - z_0)} = \frac{1}{(\zeta - z_0)\left(1 - \frac{z - z_0}{\zeta - z_0}\right)} \\ &= \frac{1}{\zeta - z_0}\sum_{n=0}^{\infty}\left(\frac{z - z_0}{\zeta - z_0}\right)^n = \sum_{n=0}^{\infty}\frac{1}{(\zeta - z_0)^{n+1}}(z - z_0)^n\end{aligned}$$

이고 이 급수는 C_2에서 균등수렴한다. 이 식에 $\dfrac{f(\zeta)}{2\pi i}$를 곱하여 항별로 적분하면 따름정리 7.1.12에 의해

$$\begin{aligned}(8.9)\qquad \frac{1}{2\pi i}\int_{C_2}\frac{f(\zeta)}{\zeta - z}\,d\zeta &= \sum_{n=0}^{\infty}\left(\frac{1}{2\pi i}\int_{C_2}\frac{f(\zeta)}{(\zeta - z_0)^{n+1}}(z - z_0)^n\,d\zeta\right)\\ &= \sum_{n=0}^{\infty}\left(\frac{1}{2\pi i}\int_{C_2}\frac{f(\zeta)}{(\zeta - z_0)^{n+1}}\,d\zeta\right)(z - z_0)^n\\ &= \sum_{n=0}^{\infty} a_n(z - z_0)^n\end{aligned}$$

여기서

$$a_n = \frac{1}{2\pi i}\int_{C_2}\frac{f(\zeta)}{(\zeta - z_0)^{n+1}}\,d\zeta \quad (n = 0, 1, 2, \cdots)$$

$f(z)$가 C_2의 내부에서 해석적이라는 가정이 없으므로 계수 a_n은 일반적으로 테일러 급수의 계수 $\dfrac{f^{(n)}(z_0)}{n!}$와 같지는 않다.

다음에 식 (8.8)의 우변에 있는 두 번째 적분을 생각하자. ζ가 원 C_1 위의 점이면

$$-\frac{1}{\zeta - a} = \frac{1}{(z - z_0)\left(1 - \frac{\zeta - z_0}{z - z_0}\right)} = \sum_{m=0}^{\infty}\frac{(\zeta - z_0)^m}{(z - z_0)^{m+1}}$$

이고, 이 급수는 원 C_1에서 균등수렴한다. 따라서

$$\begin{aligned}(8.10)\qquad & -\frac{1}{2\pi i}\int_{C_1}\frac{f(\zeta)}{\zeta - z}\,d\zeta\\ &= \sum_{m=0}^{\infty}\left(\frac{1}{2\pi i}\int_{C_1}\frac{f(\zeta)(\zeta - z_0)^m}{(z - z_0)^{m+1}}\,d\zeta\right)\\ &= \sum_{m=0}^{\infty}\left(\frac{1}{2\pi i}\int_{C_1}f(\zeta)(\zeta - z_0)^m\,d\zeta\right)\frac{1}{(\zeta - z_0)^{m+1}}\end{aligned}$$

첨자를 $n = m + 1$로 놓으면 식 (8.10)은

$$(8.11)\qquad -\frac{1}{2\pi i}\int_{C_1}\frac{f(\zeta)}{\zeta - z}\,d\zeta = \sum_{n=1}^{\infty} a_{-n}(z - z_0)^{-n}$$

이 된다. 여기서

$$a_{-n} = \frac{1}{2\pi i}\int_{C_1}\frac{f(\zeta)}{(\zeta - z_0)^{-n+1}}\,d\zeta \quad (n = 1, 2, \cdots)$$

식 (8.9)와 식 (8.11)을 식 (8.8)에 대입하면

$$f(z) = \sum_{n=-\infty}^{\infty} a_n(z-z_0)^n \tag{8.12}$$

여기서

$$a_n = \frac{1}{2\pi i}\int_{C_2} \frac{f(\zeta)}{(\zeta - z_0)^{n+1}}\,d\zeta \quad (n = 0, 1, 2, \cdots)$$

이고

$$a_n = \frac{1}{2\pi i}\int_{C_1} \frac{f(\zeta)}{(\zeta - z_0)^{n+1}}\,d\zeta \quad (n = -1, -2, \cdots)$$

한편, 점 z_0을 중심으로 주어진 고리에서 단순 폐경로 C를 택하면 함수 $\dfrac{f(\zeta)}{\zeta - z_0}$는 두 경로 C_1과 C, C_2와 C에 의해 둘러싸인 영역에서 해석적이다. 따라서 코시 적분 공식에 의해 경로 C_1과 C_2에서의 적분을 경로 C에서의 적분으로 바꿀 수 있으므로

$$a_n = \frac{1}{2\pi i}\int_{C} \frac{f(\zeta)}{(\zeta - z_0)^{n+1}}\,d\zeta \quad (n = 0, \pm 1, \pm 2, \cdots) \tag{8.13}$$

로 나타낼 수 있다.

끝으로 R_1'과 R_2'은 임의의 양수이므로 식 (8.13)은 고리 $R_1 < |z - z_0| < R_2$에 속하는 모든 점 z에서 성립한다. ■

참고 8.2.2 정리 8.2.1에서 $z-z_0$에 대하여 양수인 지수를 가지는 급수 $\displaystyle\sum_{n=0}^{\infty} a_n(z-z_0)^n$은 원 $|z - z_0| = R_2$의 내부에서 수렴한다. 이와 반면에 음수인 지수를 가지는 거듭제곱 급수 $\displaystyle\sum_{n=-\infty}^{\infty} a_n(z-z_0)^n$은 원 $|z - z_0| = R_1$의 외부에서 수렴한다. 음수인 지수를 가지는 거듭제곱 급수를 로랑 급수 전개의 **주부분**(principal part)이라 하고, 양수인 지수를 가지는 급수를 **해석부분**(analytic part)이라고 한다.

참고 8.2.3 해석함수에 대한 거듭제곱 급수와 마찬가지로 로랑 급수 표현도 유일

하다.

$$\begin{aligned} f(z) &= \sum_{n=-\infty}^{\infty} a_n(z-z_0)^n \\ &= \sum_{n=-\infty}^{\infty} b_n(z-z_0)^n \qquad (R_1 < |z-z_0| < R_2) \end{aligned}$$

라고 하자. 그러면 고리 $R_1 < |z-z_0| < R_2$에 포함되어 있고 점 z_0을 둘러싸고 있는 원 C에서 각각의 급수는 균등수렴한다. 정수 k에 대하여 양변에 $(z-z_0)^k$을 곱한 다음, 경로 C를 따라서 적분하면

$$(8.14) \qquad \sum_{n=-\infty}^{\infty} a_n \int_C (z-z_0)^{n+k}\,dz = \sum_{n=-\infty}^{\infty} b_n \int_C (z-z_0)^{n+k}\,dz$$

적분

$$\int_C (z-z_0)^m\,dz = \begin{cases} 2\pi i & m=-1 \\ 0 & m \neq -1 \end{cases}$$

이므로 식 (8.14)로부터

$$2\pi i a_{-k-1} = 2\pi i b_{-k-1}$$

그러므로 각각의 정수 k에 대하여

$$a_k = b_k$$

이다.

보기 8.2.1 함수

$$f(z) = \frac{\sin z}{z^2} \qquad (|z| > 0)$$

의 로랑 급수를 구하여라.

풀이. 함수 $\sin z$에 대한 맥클로린 급수 전개로부터

$$\begin{aligned} f(z) &= \frac{\sin z}{z^2} = \frac{1}{z^2}\left(z - \frac{z^3}{3!} + \frac{z^5}{5!} - \cdots\right) \\ &= \frac{1}{z} - \frac{z}{3!} + \frac{z^3}{5!} - \cdots \end{aligned}$$

따라서 함수 $f(z)$는 원점에서 단순극을 갖는다. ∎

보기 8.2.2 함수 $f(z) = e^{\frac{1}{z}}$은 $|z| > 0$에서 해석적이고 원점 $z = 0$에서 본질적 특이점을 갖는다. 지수함수에 대한 맥클로린 급수

$$e^u = 1 + z + \frac{u^2}{2!} + \frac{u^3}{3!} + \cdots$$

로부터 다음을 얻는다.

$$f(z) = e^{\frac{1}{z}} = 1 + \frac{1}{z} + \frac{1}{2!z^2} + \frac{1}{3!z^3} + \cdots \qquad (|z| > 0)$$

보기 8.2.3 다음 영역에서 함수 $f(z) = \dfrac{1}{(z-1)(z-2)}$의 로랑급수를 구하여라.

(1) $1 < |z| < 2$ (2) $|z| > 2$

풀이. (1) $1 < |z| < 2$이면

$$\begin{aligned} f(z) &= \frac{1}{z-2} - \frac{1}{z-1} = -\frac{1}{2\left(1 - \frac{z}{2}\right)} - \frac{1}{z\left(1 - \frac{1}{z}\right)} \\ &= -\frac{1}{2}\sum_{n=0}^{\infty}\left(\frac{z}{2}\right)^n - \frac{1}{z}\sum_{n=0}^{\infty}\left(\frac{1}{z}\right)^n \end{aligned}$$

여기서 $\left|\frac{z}{2}\right| < 1$, $\left|\frac{1}{z}\right| < 1$임을 이용하였다. 따라서

$$f(z) = -\sum_{n=-\infty}^{-1} z^n - \sum_{n=0}^{\infty} \frac{1}{2^{n+1}} z^n$$

(2) $|z| > 2$이면

$$\begin{aligned} f(z) &= \frac{1}{z-2} - \frac{1}{z-1} = \frac{1}{z\left(1 - \frac{2}{z}\right)} - \frac{1}{z\left(1 - \frac{1}{z}\right)} \\ &= \frac{1}{z}\sum_{n=0}^{\infty}\left(\frac{2}{z}\right)^n - \frac{1}{z}\sum_{n=0}^{\infty}\left(\frac{1}{z}\right)^n \\ &= \sum_{n=-\infty}^{-1}\left(\frac{1}{2^{n+1}} - 1\right) z^n \end{aligned}$$

보기 8.2.4 함수 $f(z) = \dfrac{z}{z^2+4}$에 대하여 점 $z = 2i$ 근방의 로랑급수에 대한 주부분을 구하여라.

풀이. $z^2 + 4 = (z+2i)(z-2i)$이고

$$\lim_{z\to 2i}(z-2i)f(z) = \lim_{z\to 2i}\frac{(z-2i)z}{(z+2i)(z-2i)} = \frac{1}{2}$$

이므로 함수 $f(z)$는 $z = 2i$에서 단극을 갖고, 로랑급수의 주부분은

$$\frac{1}{2}\left(\frac{1}{z-2i}\right)$$

이다. 따라서

$$f(z) = \frac{1}{2}\left(\frac{1}{z-2i}\right) + g(z)$$

로 나타낼 수 있다. 여기서 함수 $g(z)$는 점 $z = 2i$에서 해석적이다. ∎

연습문제

1. 다음 함수의 로랑급수를 구하시오.

(1) $\dfrac{z+1}{z}$; $z_0 = 0, r_1 = 0, r_2 = \infty$

(2) $\dfrac{z}{z^2+1}$; $z_0 = i, r_1 = 0, r_2 = 2$

2. 원점 $z_0 = 0$ 근방에서 다음 함수의 로랑급수를 구하시오.

(1) $\sin\left(\dfrac{1}{z}\right)$ (2) $\dfrac{1}{z(z+1)}$

(3) $\dfrac{z}{z+1}$ (4) $\dfrac{e^z}{z^2}$

3. 함수

$$f(z) = \frac{1}{z^2+1} \qquad (z \neq \pm i)$$

에 대하여 다음 물음에 답하여라.

(1) 점 $z = i$ 근방에서 함수 $f(z)$의 로랑 급수를 구하여라.

(2) 점 $z = -i$ 근방에서 함수 $f(z)$의 로랑 급수를 구하여라.

(**도움말:** 함수 $f(z)$는 $z = \pm i$에서 단극을 갖는다. 또, $|z| < 1$일 때 $\dfrac{1}{1-z} = \displaystyle\sum_{n=0}^{\infty} z^n$이다.)

4. 점 $z = 1$과 $z = 2$의 근방에서 함수

$$f(z) = \frac{1}{(z-1)(z-2)}$$

의 로랑 급수를 각각 구하여라.

5. 다음 영역에서 함수 $\dfrac{1}{(z+1)(z^2+2)}$의 로랑 급수를 구하여라.

(1) $1 < |z| < \sqrt{2}$ (2) $|z| > \sqrt{2}$ (3) $|z| < 1$

(**도움말:** 부분분수분해를 이용하여라.)

6. 다음 로랑급수의 주부분을 구하시오.

(1) $\dfrac{z^2}{z^4 - 1}$ $(0 < |z - i| < \sqrt{2})$

(2) $\dfrac{z^2}{z^4 - 1}$ $(0 < |z + i| < \sqrt{2})$

(3) $\dfrac{e^z}{z^4}$ $(|z| > 0)$

(4) $\dfrac{\sin z}{z^4}$ $(|z| > 0)$

7. 함수 $f(z)$가 열린 원판 $|z| < 2$의 한 점 $z = i$를 제외한 나머지 영역에서 해석적이다. $z = i$가 함수 $f(z)$의 단극이고 $f(z) = a_0 + a_1 + z + a_2 z^2 + \cdots$이면

$$\lim_{n\to\infty}\left(\frac{a_n}{a_{n+1}}\right) = i$$

임을 보이시오.

(**도움말:** 함수 $f(z)$를 $f(z) = \dfrac{A}{\left(1 - \dfrac{z}{i}\right)} + F(z)$로 나타낼 수 있다. 여기서 A는 상수이고 $F(z)$는 $|z| < 2$에서 해석함수이다.)

8.3 유수정리

함수 $f(z)$가 점 z_0을 제외한 근방에서 해석적이면 로랑 정리에 의해

$$f(z) = \sum_{n=-\infty}^{\infty} a_n(z - z_0)^n$$

으로 나타낼 수 있다. 더욱이

$$a_{-1} = \frac{1}{2\pi i}\int_C f(z)\,dz \tag{8.15}$$

이다. 여기서 C는 z_0을 둘러싸고 있는 단순 폐경로이다.

정의 8.3.1 계수 a_{-1}를 점 z_0에서 함수 $f(z)$의 유수(residue)**라고 한다.**

보기 8.3.1 적분 $\int_C e^{\frac{1}{z}}\,dz$를 구하여라.

풀이. 원점 $z = 0$에서 함수

$$e^{\frac{1}{z}} = \frac{1}{z} + \frac{1}{2!z^2} + \cdots$$

의 유수는 1이다. 따라서

$$\int_C e^{\frac{1}{z}}\,dz = 2\pi i$$

∎

정리 8.3.2 (유수정리, Residue Theorem) 함수 $f(z)$와 경로 C가 다음 조건을 만족시킨다.

(i) **$z_1, z_2, \ldots, z_n$은 C의 내부에 있고 함수 $f(z)$의 고립 특이점이다.**

(ii) **$f(z)$는 $z_1, z_2, \ldots, z_n$을 제외한 C의 내부와 C에서 해석적이다.**

(iii) **$z_1, z_2, \ldots, z_n$의 유수는 각각 $\alpha_1, \alpha_2, \ldots, \alpha_n$이다.**

그러면

$$\int_C f(z)\,dz = 2\pi i \sum_{i=1}^{n} \alpha_i$$

이다.

증명. 특이점 z_i를 중심으로 C의 내부에 포함되고 서로 만나지 않도록 원 C_i를 그리자.

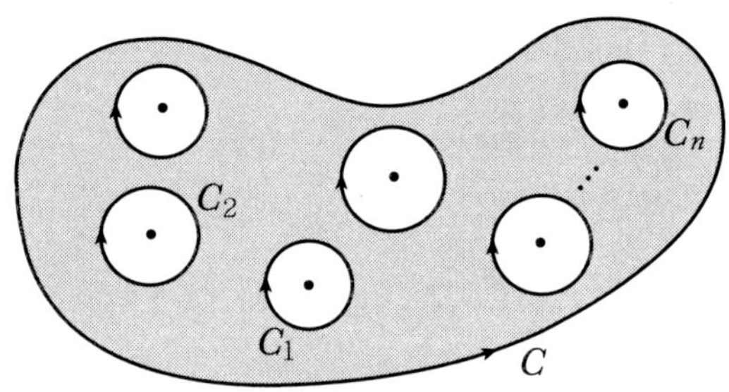

그림 8.3.

코시 적분 공식에 의해

$$\int_C f(z)\,dz = \int_{C_1} f(z)\,dz + \int_{C_2} f(z)\,dz + \cdots + \int_{C_n} f(z)\,dz$$

식 (8.15)로부터 각각의 $i = 1, 2, \cdots, n$에 대하여

$$\frac{1}{2\pi i}\int_{C_i} f(z)\,dz = \alpha_i$$

이므로 정리가 성립한다. ∎

참고 8.3.3 함수 $f(z)$가 점 $z = z_0$에서 차수가 k인 극점을 가지면 유수 a_{-1}을 $f(z)$가 포함되어 있는 극한으로 나타낼 수 있다. 실제로, 가정으로부터

$$\begin{aligned}(z-z_0)^k f(z) &= a_{-k} + a_{-k+1}(z-z_0) + \cdots \\ &\quad + a_{-1}(z-z_0)^{k-1} + g(z)(z-z_0)^k \end{aligned} \tag{8.16}$$

으로 나타낼 수 있다. 여기서 함수 $g(z)$는 점 $z = z_0$에서 해석적이다. 식 (8.16)을 $k-1$번 미분하고 점 $z = z_0$에서의 극한을 계산하면

$$a_{-1} = \frac{1}{(k-1)!} \lim_{z \to z_0} \frac{d^{k-1}}{dz^{k-1}} (z - z_0)^k f(z) \tag{8.17}$$

이다.

보기 8.3.2 경로 C가 점 $z = 1$을 포함하는 폐경로일 때, 적분

$$\int_C \frac{z^4 - z^3 - 17z + 2}{(z-1)^3}\, dz$$

를 구하여라.

풀이. 함수 $f(z) = \dfrac{z^4 - z^3 - 17z + 2}{(z-1)^3}$로 놓고 식 (8.17)에서 $z_0 = 1,\quad k = 3$로 놓자. 그러면

$$\begin{aligned} a_{-1} &= \frac{1}{2!} \lim_{z \to 1} \frac{d^2}{dz^2} (z-1)^3 f(z) \\ &= \frac{1}{2!} \lim_{z \to 1} \frac{d^2}{dz^2} (z^4 - z^3 - 17z + 2) = 3 \end{aligned}$$

따라서

$$\int_C \frac{z^4 - z^3 - 17z + 2}{(z-1)^3}\, dz = 2\pi i a_{-1} = 6\pi i$$

∎

실적분 값 구하기

복소함수의 적분을 이용하면 미적분학에서 구하기 어려운 실적분 값을 구할 수 있다.

보기 8.3.3 다음 적분을 구하여라.

$$\int_{-\infty}^{\infty} \frac{dx}{x^2 + 1}$$

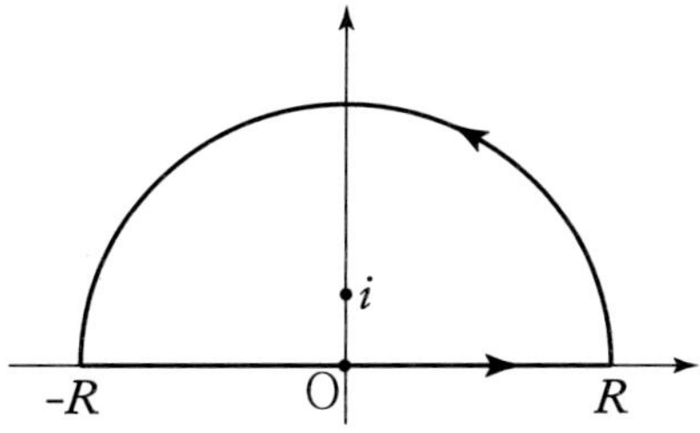

그림 8.4.

풀이. 방법 1 (기초 방법) 미적분학으로부터

$$(\tan^{-1} x)' = \frac{1}{x^2+1}$$

따라서

$$\begin{aligned}\int_{-\infty}^{\infty} \frac{dx}{x^2+1} &= 2\int_{0}^{\infty} \frac{dx}{x^2+1} = 2\lim_{b\to\infty} \left[\tan^{-1} x\right]_0^b \\ &= 2\cdot\frac{\pi}{2} = \pi\end{aligned}$$

방법 2 (복소 적분 응용)

함수 $f(z) = \dfrac{1}{z^2+1}$은 점 $z = \pm i$에서 특이점을 갖는다. 그림 8.4와 같이 실축에서 $-R$에서 R (단, $R > 1$)까지의 선분과 R에서 $-R$까지 상반평면 위의 반원으로 이루어진 경로를 C라고 하자. 그러면 C의 내부에 놓여 있는 함수 $f(z)$의 특이점은 $z = i$ 뿐이고, 이 점에서의 유수는

$$\lim_{z\to i}(z-i)f(z) = \frac{1}{2i}$$

이다.

따라서

$$\int_C \frac{dz}{z^2+1} = 2\pi i\cdot\frac{1}{2i} = \pi \tag{8.18}$$

또한,

$$\int_C \frac{dz}{z^2+1} = \int_{-R}^{R} \frac{dx}{x^2+1} + \int_0^{\pi} \frac{iRe^{i\theta}}{R^2e^{2i\theta}+1}\,d\theta \tag{8.19}$$

이다. 식 (8.19)의 우변에 있는 두 번째 항은

$$(8.20) \qquad \left| \int_0^\pi \frac{iRe^{i\theta}}{R^2e^{2i\theta}+1}\, d\theta \right| \le \int_0^\pi \frac{R}{R^2-1}\, d\theta = \frac{\pi R}{R^2-1}$$

를 만족시키므로 $R \to \infty$일 때 0으로 수렴한다. 따라서 $R \to \infty$일 때 식 (8.19)로부터

$$\lim_{R\to\infty} \int_C \frac{dz}{z^2+1} = \int_{-\infty}^{\infty} \frac{dx}{x^2+1}$$

이다. 그러므로

$$\int_{-\infty}^{\infty} \frac{dx}{x^2+1} = \lim_{R\to\infty} \int_C \frac{dz}{z^2+1} = \pi$$

■

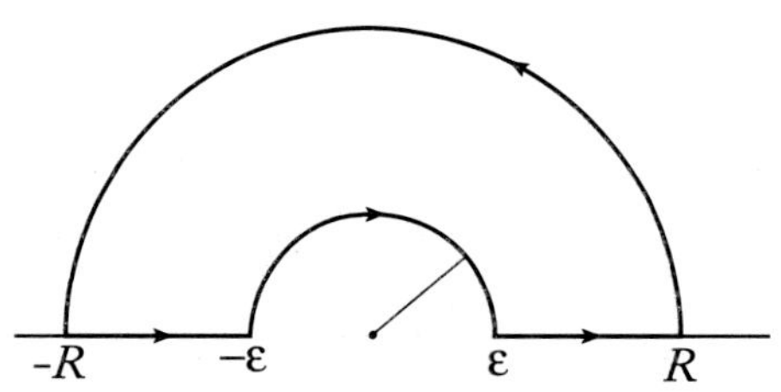

그림 8.5.

보기 8.3.4 다음 적분이 성립함을 보여라.

$$\int_0^\infty \frac{\sin x}{x}\, dx = \frac{\pi}{2}$$

풀이. 함수 $f(z) = \dfrac{e^{iz}}{z}$로 놓으면 실축에서의 허수부분이

$$\frac{\sin z}{x}$$

이다. 이때 실축에서 $-R$에서 $-\epsilon$까지의 선분, $-\epsilon$에서 ϵ까지 상반평면 위의 반원, 실축에서 ϵ에서 R (단, $R > 1$)까지의 선분, R에서 $-R$까지 상반평면 위의 반원으로 이루어진 경로를 C라고 하자. 복소함수의 적분을 이용하면 주어진 적분이 성립하는 것을 보일 수 있다. ■

보기 8.3.5 다음 적분이 성립함을 보여라.

$$\int_0^\infty \sin x^2\,dx = \int_0^\infty \cos x^2\,dx = \sqrt{\frac{\pi}{8}}$$

풀이. 함수 $f(z) = e^{iz^2}$으로 놓고, 그림 8.6과 같이 0에서 R까지의 선분, R에서 $Re^{\frac{\pi i}{4}}$까지의 호, $Re^{\frac{\pi i}{4}}$에서 0까지의 선분으로 이루어진 경로를 C라고 하자. 복소적분을 이용하면 주어진 적분식이 성립한다는 것을 보일 수 있다. ∎

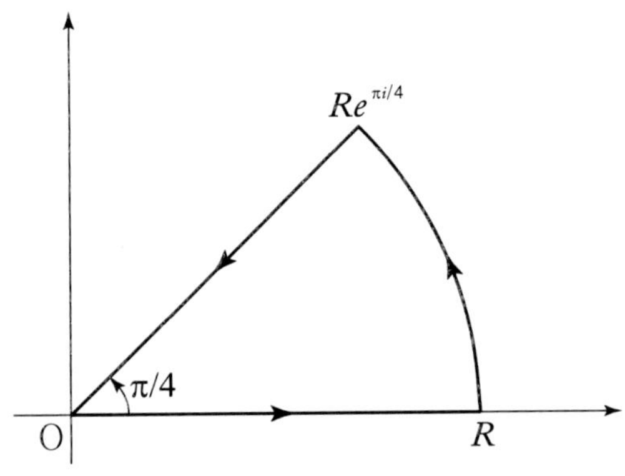

그림 8.6.

보기 8.3.6 두 실수 a와 b, $a > |b|$에 대하여 다음이 성립함을 보여라.

$$\int_0^{2\pi} \frac{d\theta}{a + b\cos\theta} = \frac{2\pi}{\sqrt{a^2 - b^2}}$$

풀이. 복소수 $z = e^{i\theta}$에 대하여

$$cos\theta = \frac{e^{i\theta} + e^{-i\theta}}{2} = \frac{z + \frac{1}{z}}{2}$$

이므로

$$a + b\cos\theta = a + \frac{b}{2}\cdot\left(z + \frac{1}{z}\right)$$

이때 경로 C를 중심이 원점인 단위원으로 택하여 복소적분을 이용하면 주어진 적분식이 성립함을 보일 수 있다. ∎

보기 8.3.7 실수 $0 < \lambda < 1$에 대하여 다음이 성립함을 보여라.

$$\int_0^\infty \frac{x^{\lambda-1}}{1+x}\,dx = \frac{\pi}{\sin \pi x}$$

풀이. 함수 $f(z) = \dfrac{z^{\lambda-1}}{1+z}$으로 놓자. 여기서 $0 < \arg z < 2\pi$이다. 경로를 적당히 택하여 복소적분을 이용하면 주어진 적분식이 성립하는 것을 보일 수 있다. ∎

연습문제

1. 다음 함수의 고립 특이점을 구하고, 유수를 구하시오.

(1) $\dfrac{1}{\cos z}$ (2) $\tan z$ (3) $\dfrac{z}{(z-1)^2(z-2)}$

(4) $z^n \sin \dfrac{1}{z}$ (5) $z^n \cos \dfrac{1}{z}$

2. $R \to \infty$일 때, 다음이 성립함을 보이시오.

$$\int_{|z|=R} \left|\frac{\sin z}{z}\right| |dz| \to \infty$$

3. 다음 적분을 구하시오.

(1) $\displaystyle\int_{|z|=\frac{1}{2}} \left(\frac{\sin z}{1+z+z^2+\cdots+z^{2012}}\right) dz$

(2) $\displaystyle\int_{|z|=\frac{5}{2}} e^{z^2}\pi \cot \pi z\,dz$

4. n이 자연수일 때, 다음 적분을 구하시오.

(1) $\displaystyle\int_{|z|=n} \tan \pi z\,dz$

(2) $\displaystyle\int_{|z|=n+\frac{1}{2}} \cot \pi z\,dz$

5. 경로 적분을 이용하여 다음을 보이시오.

(1) $\displaystyle\int_0^\infty \frac{dx}{1+x^6} = \frac{\pi}{3}$

(2) $\displaystyle\int_0^\infty \frac{x^2}{1+x^4}\,dx = \frac{\pi}{2\sqrt{2}}$

6. 다음을 보이시오.

(1) $\displaystyle\int_0^\infty \frac{\cos x}{x^2+1} = \frac{\pi}{2e}$

(2) $\displaystyle\int_0^\infty \frac{x\sin ax}{x^2+1} = \begin{cases} \pi e^a & (a > 0) \\ -\pi e^a & (a < 0) \end{cases}$

제 9 장

등각사상

이 장에서는 각을 보존하는 복소함수인 등각사상(conformal mapping)의 성질에 대하여 알아보고, 단순 연결 영역에서 열린 원판으로 사상되는 등각사상의 존재성을 나타내는 리만사상정리(Riemann mapping theorem)에 대하여 살펴본다. 또, 두 영역이 주어질 때, 한 영역에서 다른 영역으로 사상되는 등각사상을 얻을 수 있는 방법에 대하여 알아보기로 한다.

9.1 등각사상

정의 9.1.1 **사상** $f : A \to \mathbb{C}$**와 점** $z_0 \in A$**에 대하여, 다음 조건을 만족시키는 각** $\theta \in [0, 2\pi)$**와 양수** $r > 0$**이 존재할 때,** $f(z)$**가 점** z_0**에서 등각**(conformal)**이라고 한다:** $\gamma : [0, 1] \to A$**가** $\gamma(0) = z_0$, $\gamma'(0) \neq 0$**인 미분가능한 곡선이면**

(i) $f \circ \gamma(t)$**도** $t = 0$**에서 미분가능하다.**

(ii) $u := (f \circ \gamma)'(0)$, $v := \gamma'(0)$**로 놓으면**

$$|u| = r|v| \quad \text{이고} \quad \arg u = \arg v + \theta \pmod{2\pi}$$

이다.

함수 $f(z)$**가 정의역** A**에 있는 각 점에서 등각적일 때, 함수** $f(z)$**는** A**에서 등각사상이라고 한다.**

정리 9.1.2 함수 $f: A \to \mathbb{C}$가 해석적이고 $z_0 \in A$에서 $f'(z_0) \neq 0$이면 f는 점 z_0에서 등각이다.

증명. 정의 9.1.1에서 $\theta = \arg f'(z_0)$이고 $r = |f'(z_0)|$이다. ∎

정리 9.1.3 (1) 함수 $f: A \to B$가 등각사상이고 일대일대응이면 역사상 $f^{-1}: B \to A$도 등각사상이다.

(2) 두 함수 $f: A \to B$와 $g: B \to C$가 등각사상이고 일대일대응이면 합성사상 $g \circ f: A \to C$도 등각사상이고 일대일대응이다.

정리 9.1.4 (리만 사상 정리, Riemann Mapping Theorem) A가 $A \neq \mathbb{C}$인 단순연결 영역이고 $z_0 \in A$라고 하면 다음 조건을 만족시키는 일대일대응인 등각사상 $f: A \to D = \{z : |z| < 1\}$이 유일하게 존재한다:

$$f(z_0) = 0, \quad f'(z_0) > 0$$

증명. [6] 참고 ∎

참고 9.1.5 A와 B가 $A \neq \mathbb{C}$, $B \neq \mathbb{C}$인 단순연결 영역이면 리만 사상 정리(정리 9.1.4)에 의해 일대일대응인 등각사상 $g: A \to B$가 존재한다. 실제로, $f: A \to D$와 $h: B \to D$가 리만 사상 정리에 의해 주어지는 일대일대응인 등각사상일 때, $g = h^{-1} \circ f$로 놓으면 된다. 두 영역 A와 B 사이에 일대일대응인 등각사상이 존재할 때, 두 영역은 서로 등각이라고 한다. 리만 사상 정리에 의해 복소평면 $\mathbb{C}$와 같지 않은 두 단순연결 영역은 서로 등각이다.

9.2 선형분수변환

이 절에서는 한 영역에서 다른 영역으로 사상되는 등각사상을 얻을 수 있는 방법에 대하여 살펴보자.

정의 9.2.1 **다음과 같은 형태의 사상을 선형분수변환** (linear fractional transformation)**이라고 한다.**

$$T(z) = \frac{az+b}{cz+d} \tag{9.1}$$

여기서 a, b, c, d**는 복소수 상수이다.**

주의 : T가 상수함수인 것을 제외시키기 위해 $ad - bc \neq 0$을 가정하기로 한다.

정리 9.2.2 **두 집합** A**와** B**를 각각**

$$A = \left\{ z \,:\, cz + d \neq 0, \;\; \text{즉} \;\; z \neq -\frac{d}{c} \right\}, \quad B = \left\{ w \,:\, w \neq \frac{a}{c} \right\}$$

로 놓으면 식 (9.1)**로 주어지는 일차분수변환** $T : A \to B$**는 일대일대응이고 등각사상이다. 더욱이** T**의 역사상** T^{-1}**은**

$$T^{-1}(w) = \frac{-dw+b}{cw-a}$$

이다.

참고 9.2.3 기호의 편의를 위해 종종 $T\left(-\dfrac{d}{c}\right) = \infty$로 나타낸다. 실제로 선형분수변환은 확장복소평면 $\overline{\mathbb{C}}$에서 자기 자신으로 사상되는 등각사상이다. 예를 들어, $a = 1, c = 0$이고 $d = 1$이면 $T(z) = z + b$이다. $T(z) = z + b$는 벡터 b만큼의 평행이동이므로 복소평면에서 거리를 보존시키는 등장사상(isometry)이다. $b = c = 0, d = 1$인 경우 T는 $T(z) = az$이다. $T(z) = az$는 복소수 a를 곱한 함수이므로 크기는 $|a|$만큼 확장 또는 축소되고 편각은 $\arg a$만큼 커지도록 하는 사상이다. 끝으로, $T(z) = \dfrac{1}{z}$는 반전사상(inversion)으로 그림 9.1와 같이 주어지는 등각사상이다.

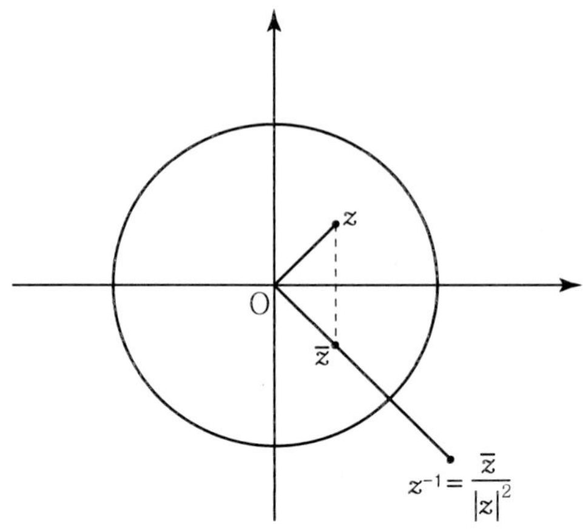

그림 9.1.

정리 9.2.4 **열린 단위원판 $D = \{ z : |z| < 1 \}$에서 자기 자신으로 사상되는 전사사상은 다음과 같은 형태의 선형분수변환으로 주어진다.**

$$T(z) = e^{i\theta} \frac{z - z_0}{1 - \bar{z}_0 z}$$

여기서 $z_0 \in D$이고 $\theta \in [0, 2\pi)$이다. 더욱이, 위와 같은 형태의 함수 T는 D에서 D 위로의 등각사상이다.

다음 정리에 의하면 선형분수변환에 의해 직선이나 원은 직선이나 원으로 사상된다.

정리 9.2.5 **T가 선형분수변환이고, $L \subset \mathbb{C}$는 직선, $C \subset \mathbb{C}$는 원이라고 하자. 그러면 $T(L)$는 직선이나 원이고 $T(C)$도 직선이나 원이다.**

정리 9.2.6 **확장복소평면 $\overline{\mathbb{C}}$에 속하는 서로 다른 점으로 이루어진 두 세트의 점 z_1, z_2, z_3과 w_1, w_2, w_3에 대하여**

$$z_i \to w_i, \ \ i = 1, 2, 3$$

인 선형분수변환이 유일하게 존재한다. 실제로, $T(z) = w$이면

$$\frac{w - w_1}{w - w_2} \cdot \frac{w_3 - w_2}{w_3 - w_1} = \frac{z - z_1}{z - z_2} \cdot \frac{z_3 - z_2}{z_3 - z_1}$$

이다.

제 A 부록

연습문제 풀이

1장 1절 1번

$z = a + bi, w = c + di$로 놓으면 $z + w = (a + c) + (b + d)i$이므로

$$\mathrm{Re}(z + w) = a + c = \mathrm{Re}(z) + \mathrm{Re}(w)$$

이고

$$\mathrm{Im}(z + w) = b + d = \mathrm{Im}(z) + \mathrm{Im}(w)$$

이다.

1장 1절 2번

$z = a + bi$로 놓으면

$$iz = ai - b = -b + ai$$

이므로

$$\mathrm{Re}(iz) = -b = -\mathrm{Im}(z)$$

이고

$$\mathrm{Im}(iz) = a = \mathrm{Re}(z)$$

이다.

1장 1절 3번

$$\begin{aligned}(z + 2)(z = i) &= (a + 2 + bi)(a + (b - 1)i) \\ &= a(a + 2) - b(b - 1) + (ab + (a + 2)(b - 1))\, i\end{aligned}$$

이므로 실수부분은 $a(a+2)-b(b-1)=a^2-b^2+2a+b$이고 허수부분은 $ab+(a+2)(b-1)=2ab-a+2b-2$이다.

1장 1절 4번
복소수 $z=a+bi(\neq 0)$, $w=x+yi$로 놓으면

$$(a+bi)(x+yi)=(x+yi)(a+bi)=1$$

이므로

$$(ax-by)+(ay+bx)i=1$$

복소수가 같을 조건으로부터

$$\begin{cases} ax-by=1 \\ ay+bx=0 \end{cases}$$

이므로 이 연립방정식을 풀면 $x=\dfrac{a}{a^2+b^2}$, $y=-\dfrac{b}{a^2+b^2}$이다. 따라서

$$w=\frac{a}{a^2+b^2}-\frac{b}{a^2+b^2}i$$

이다.

1장 1절 5번
위의 문제 4에 의해 $z=a+bi$이고 $a>0$이면

$$\frac{1}{z}=\frac{a}{a^2+b^2}-\frac{b}{a^2+b^2}i$$

이므로 $\mathrm{Re}\left(\dfrac{1}{z}\right)=\dfrac{a}{a^2+b^2}>0$이다.

1장 2절 1번
0과 0' 이 덧셈에 대한 항등원이면

$$0=0+0'=0'+0=0'$$

또 1과 $1'$이 곱셈에 대한 항등원이면

$$1=1\cdot 1'=1'\cdot 1=1'$$

1장 1절 3번
$(zw)(z^{-1}w^{-1})=zz^{-1}ww^{-1}=1\cdot 1=1$이므로 $(zw)^{-1}=z^{-1}w^{-1}$이다.

1장 1절 5번

$$\begin{aligned}\frac{z+2}{z-1} &= \frac{a+2+bi}{a-1+bi} = \frac{a+2+bi}{a-1+bi}\cdot\frac{a-2-bi}{a-1-bi} \\ &= \frac{(a+2)(a-1)}{(a-1)^2+b^2} + \frac{-3b}{(a-1)^2+b^2}i\end{aligned}$$

이므로 $\frac{z+2}{z-1}$의 실수부분은 $\frac{(a+2)(a-1)}{(a-1)^2+b^2}$이고 허수부분은 $-\frac{3b}{(a-1)^2+b^2}$이다.

1장 1절 7번

$\frac{a^2-b^2-2abi}{a^2+b^2} = x+yi$이므로

$$\begin{aligned}x^2+y^2 &= \left(\frac{a^2-b^2}{a^2+b^2}\right)^2 + \left(\frac{2ab}{a^2+b^2}\right)^2 \\ &= \frac{(a^2+b^2)^2}{(a^2+b^2)^2} = 1\end{aligned}$$

1장 3절 2번

$$\begin{aligned}|z-w|^2+|z+w|^2 &= (z-w)(\bar{z}-\bar{w})+(z+w)(\bar{z}+\bar{w}) \\ &= \{|z|^2 - z\bar{w} - \bar{z}w + |w|^2\} + \{|z|^2 + z\bar{w} + \bar{z}w + |w|^2\} \\ &= 2(|z|^2+|w|^2)\end{aligned}$$

1장 3절 3번

$(|x|-|y|)^2 \geq 0$이므로 $2|x||y| \leq x^2+y^2$이다. 따라서

$$\left(|x|^2+|y|^2\right)^2 = x^2+y^2+2|x||y| \leq 2(x^2=y^2) = 2|z|^2$$

1장 3절 4번

삼각부등식에 의해

$$|\mathrm{Re}(z^3+\bar{z}+3)| \leq |z^3+\bar{z}+3| \leq |z|^3+|z|+3 \leq 1+1+3 = 5$$

1장 3절 5번

$z^4 - 3z^2 + 4 = \left(z^2 - \frac{3}{2}\right)^2 + \frac{7}{4}$이므로 $z^2 - \frac{3}{2}$의 값이 최소일 때, 주어진 값이 최소이다. $|z| = 2$, $|z|^2 = 4$이므로 $z^2 = 4$일 때 $z^2 - \frac{3}{2}$의 값이 최소이다. 따라서

$$z^4 - 3z^2 + 4 = \left(z^2 - \frac{3}{2}\right)^2 + \frac{7}{4} \geq \left(4 - \frac{3}{2}\right)^2 + \frac{7}{4} = 8$$

그러므로

$$\left|\frac{1}{z^4 - 3z^2 + 4}\right| \leq \frac{1}{8}$$

1장 3절 7번

$z = x + yi$로 놓으면 $|z| < 1 \;\Leftrightarrow\; x^2|y^2 < 1$이다. 따라서

$$(1-x)^2 + y^2 = 1 - 2x + x^2 + y^2 < 2(1-x)$$

$\frac{1}{1-z} = \frac{1-x-yi}{(1-x)^2+y^2}$이므로

$$\mathrm{Re}\left(\frac{1}{1-z}\right) = \frac{1-x}{(1-x)^2+y^2} > \frac{1}{2}$$

1장 4절 3번

$$z_1 = r_1(\cos\theta_1 + i\sin\theta_1),\quad z_1 = r_2(\cos\theta_2 + i\sin\theta_2)$$

로 놓으면 사인함수와 코사인함수의 덧셈정리로부터

$$\frac{z_1}{z_2} = \frac{r_1}{r_2}(\cos(\theta_1 = \theta_2) + i\sin(\theta_1 = \theta_2))$$

이 성립한다. 따라서

$$\arg\left(\frac{z_1}{z_2}\right) = \arg(z_1) - \arg(z_2) \qquad (\mathrm{mod}\quad 2\pi)$$

1장 4절 5번

$\mathrm{Re}\, z_1 > 0,\ \mathrm{Re}\, z_2 > 0$이면

$$-\frac{\pi}{2} < \mathrm{Arg}(z_i) = \arg(z_i) < \frac{\pi}{2}$$

이므로 $-\pi < \arg(z_1 z_2) < \pi$이다. 따라서

$$\mathrm{Arg}(z_1 z_2) = \mathrm{Arg}(z_1) + \mathrm{Arg}(z_2)$$

이다.

1장 4절 7번 (2)

(1)의 식

$$1 + z + z^2 + \cdots + z^n = \frac{1 - z^{n+1}}{1 - z}$$

에 $z = \cos\theta + i\sin\theta$ (단, $\theta \neq 0$)을 대입하고 드 므와브르 정리를 적용한 다음, 양변에서 실수부분만 택하면

$$1 + \cos\theta + \cos 2\theta + \cdots + \cos n\theta = \mathrm{Re}\left(\frac{1 - z^{n+1}}{1 - z}\right)$$

우변에 $z = \cos\theta + i\sin\theta$를 대입하면

$$\begin{aligned}
&\mathrm{Re}\left(\frac{1 - z^{n+1}}{1 - z}\right) \\
&= \frac{(1 - \cos(n+1)\theta)(1 - \cos\theta) + \sin\theta \sin(n+1)\theta}{(1 - \cos\theta)^2 + \sin^2\theta} \\
&= \frac{1 - \cos\theta - \cos(n+1)\theta + \cos\theta\cos(n+1)\theta + \sin\theta\sin(n+1)\theta}{2(1 - \cos\theta)} \\
&= \frac{1}{2} + \frac{-\cos(n+1)\theta + \cos n\theta}{4\sin^2\frac{\theta}{2}} \\
&= \frac{1}{2} + \frac{\sin(n + \frac{1}{2})\theta}{2\sin\frac{\theta}{2}}
\end{aligned}$$

여기서 반각의 공식 $\sin^2\dfrac{\theta}{2} = \dfrac{1 - \cos\theta}{2}$와 곱셈공식

$$\sin mx \sin nx = -\frac{1}{2}[\cos(m+n)x - \cos(m-n)x]$$

를 사용하였다.

2장 1절 1번

$A = \{0\}$ 닫힌 집합이다.

2장 1절 2번

$B = \{z \in \mathbb{C} : |z| < 1\}$ 열린 집합이다.

2장 1절 11번

점 $z_0 = (0, y_0) \in B$와 임의의 양수 $\epsilon > 0$에 대하여

$$N(z_0, \epsilon) \cap A \neq \emptyset$$

이므로 $A \cup B$는 연결집합임을 알 수 있다. 그러나 집합 A의 점과 집합 B의 점을 호로 연결할 수 없으므로 호연결집합은 아니다.

2장 2절 3번

(1) 진동발산 (2) 0으로 수렴 (3) 0으로 수렴 (4) 0으로 수렴

2장 2절 4번

임의의 양수 $\epsilon > 0$에 대하여 $z_n \to 0$이므로 자연수 $N = N(\epsilon)$이 존재하여 $n \geq N$이면 $|z_n| < \epsilon$이다. 또한 z_n이 유계이므로 양수 M이 존재하여 모든 자연수 n에 대하여 $|z_n| \leq M$이다. 따라서

$$\begin{aligned} \frac{z_1 + z_2 + \cdots + z_n}{n} &= \frac{z_1 + z_2 + \cdots + z_N}{n} + \frac{z_{N+1} + z_{N+2} + \cdots + z_n}{n} \\ &\leq \frac{NM}{n} + \frac{n-N}{n}\epsilon \end{aligned}$$

n이 충분히 크면 $\frac{NM}{n} < \epsilon$이고 $\frac{n-N}{n} < 1$이므로

$$\left| \frac{z_1 + z_2 + \cdots + z_n}{n} \right| < 2\epsilon$$

이다.

2장 3절 2번

$\inf_{z \in S} |z - z_0| = 0$이면 $z_n \to z_0$인 수열 $\{z_n\} \subset S$가 존재한다. 집합 S가 옹골집합이므로 닫힌 집합이다. 따라서 $z_0 \in S$이므로 가정에 모순이다.

2장 3절 3번

하이네-보렐 정리의 증명으로부터 성립한다.

2장 4절 4번

$z_0 \in A^C = \mathbb{C} - A$이면 $f(z_0) \neq 0$이므로 $f(z_0)$의 근방 $N(f(z_0), \epsilon)$이 원점을 포함하지 않도록 양수 $\epsilon > 0$을 택할 수 있다. f가 연속함수이므로 적당한 양수 $\delta > 0$가

존재하여 $|z - z_0| < \delta$이면 $|f(z) - f(z_0)| < \epsilon$이다. 특히,

$$N(z_0, \delta) \subset A^C$$

이므로 A는 닫힌 집합이다.

3장 4절 2번 (2)

$$\log i = \log |i| + i\arg(i) = \left(\frac{\pi}{2} + 2k\pi\right) i \qquad (k \in \mathbb{Z})$$

3장 4절 3번

2번 (2)에 의해

$$\begin{aligned} i^i &= e^{i \log i} = e^{i(\log |i| + i\arg i)} \\ &= e^{-\arg i} = e^{-\frac{\pi}{2} - 2k\pi} \quad (k \in \mathbb{Z}) \end{aligned}$$

3장 4절 5번

사인함수의 정의에 의해

$$\begin{aligned} \sin iy &= \frac{e^{i(iy) - e^{-i(iy)}}}{2i} = \frac{e^{-y} - e^{y}}{2i} \\ &= -\frac{1}{i} \sinh y = i \sinh y \end{aligned}$$

3장 4절 9번

$$\begin{aligned} \cos z = \frac{1}{2} \quad &\Leftrightarrow \quad e^{iz} + e^{-iz} = 1 \\ &\Leftrightarrow \quad \cos y = \frac{1}{2} \end{aligned}$$

$\therefore \ y = \frac{\pi}{3} + 2k\pi \ (k \in \mathbb{Z})$이고

$$z = x + \left(\frac{\pi}{3} + 2k\pi\right) i$$

3장 4절 10번

$w := \frac{1}{i} \log \left(\frac{1 + iz}{1 - iz}\right)^{\frac{1}{2}}$로 놓으면

$$\begin{aligned} \tan w &= \frac{\sin w}{\cos w} = \frac{e^{iw} - e^{-iw}}{i(e^{iw} + e^{-iw})} \\ &= \frac{1}{i} \frac{e^{2iw} - e^{-2iw}}{e^{2iw} + e^{-2iw} + 2} \end{aligned}$$

$$e^{iw} = \left(\frac{1+iz}{1-iz}\right)^{\frac{1}{2}}, \quad e^{-iw} = \left(\frac{1+iz}{1-iz}\right)^{-\frac{1}{2}}$$

이므로

$$e^{2iw} = \left(\frac{1+iz}{1-iz}\right), \quad e^{-2iw} = \left(\frac{1+iz}{1-iz}\right)^{-1} = \frac{1-iz}{1+iz}$$

이 값을 위의 식에 대입하면

$$\begin{aligned} \tan w &= \frac{1}{i} \cdot \frac{\dfrac{1+iz}{1-iz} - \dfrac{1-iz}{1+iz}}{\dfrac{1+iz}{1-iz} + \dfrac{1-iz}{1+iz} + 2} \\ &= \frac{4z}{4} = z \end{aligned}$$

3장 4절 11번

$z = x + iy,\ w = u + iv$로 놓으면

$$w = \sin z \quad \Leftrightarrow \quad u = \frac{(e^y + e^{-y})\sin x}{2},\ v = \frac{(e^y - e^{-y})\cos x}{2}$$

따라서 실축과 평행한 직선은 $y = y_0$ (상수)로 나타낼 수 있으므로

$$a = \frac{e^{y_0} + e^{-y_0}}{2}, \quad b = \frac{e^{y_0} - e^{-y_0}}{2}$$

로 놓으면

$$\frac{u^2}{a^2} + \frac{v^2}{b^2} = \sin^2 x + \cos^2 x = 1$$

이므로 실축과 평행한 직선을 타원으로 사상시킨다.

4장 1절 4번

$z = x + iy$일 때 $\mathrm{Re}(z) = x$이고

$$\frac{\partial u}{\partial x} = 1 \neq \frac{\partial v}{\partial y} = 0$$

이므로 함수 $f(z) = \mathrm{Re}\, z$는 어떤 점에서도 코시-리만 방정식을 만족시키지 않는다.

4장 1절 6번

코시-리만 방정식과 가정 $v \equiv C$ (상수)에 의해

$$\frac{\partial u}{\partial x} = \frac{\partial u}{\partial y} = 0$$

따라서 u는 상수함수이므로 $f(z)$도 상수함수이다.

4장 2절 2번

함수 $f(z)$가 z_0에서 해석적일 필요충분조건은 $\overline{f(\bar{z})}$가 $\bar{z}_0$에서 연속이다. $f(z) = u(x,y) + iv(x,y)$로 나타내면 $\bar{f}(z) = u(x,y) - iv(x,y)$이다.

$\bar{f}(\bar{z}) = U(x,y) + iV(x,y)$로 놓으면 위로부터

$$U(x,y) = u(x,-y), \quad V(x,y) = -v(x,-y)$$

따라서

$$\begin{aligned} \frac{\partial U}{\partial x}(x,y) &= \frac{\partial u}{\partial x}(x,-y) = \frac{\partial v}{\partial y}(x,-y) \\ &= -\left(-\frac{\partial V}{\partial y}(x,y)\right) = \frac{\partial V}{\partial y}(x,y) \end{aligned}$$

같은 방법으로

$$\frac{\partial U}{\partial y}(x,y) = -\frac{\partial V}{\partial x}(x,y)$$

즉, 함수 $\bar{f}(\bar{z})$는 코시-리만 방정식을 만족시키므로 해석적이다.

4장 2절 9번

$f(z) = u(x,y) + iv(x,y)$로 놓으면 $\bar{f}(z) = u(x,y) - iv(x,y)$이다. 코시-리만 방정식으로부터

$$\frac{\partial u}{\partial x}(x,y) = \frac{\partial v}{\partial y}(x,y) = -\frac{\partial u}{\partial x}(x,y)$$

이고

$$\frac{\partial u}{\partial y}(x,y) = -\frac{\partial v}{\partial x}(x,y) = -\frac{\partial u}{\partial y}(x,y)$$

이므로 $u(x,y)$, $v(x,y)$는 상수함수이다.

4장 2절 10번

$|f(z)| = 0$ (상수)이면 $f(z) = 0$이다. $|f(z)|$가 0이 아닌 상수라고 하면

$$f(z)\overline{f(z)} = |f(z)|^2 = (\text{상수})$$

이므로 $\overline{f(z)} = \dfrac{|f(z)|^2}{f(z)}$도 해석함수이다. 위의 9번에 의해 $f(z)$는 상수함수이다.

4장 2절 11번

$f'(z) = e^{-i\theta}\dfrac{\partial f}{\partial r} = e^{-i\theta}\left(\dfrac{\partial u}{\partial r} + i\dfrac{\partial v}{\partial r}\right)$이고

$$\frac{\partial u}{\partial r} = \frac{1}{r}\frac{\partial v}{\partial \theta}, \quad \frac{\partial v}{\partial r} = -\frac{1}{r}\frac{\partial u}{\partial \theta}$$

이므로

$$\begin{aligned} f'(z) &= \frac{e^{-i\theta}}{r}\left(\frac{\partial v}{\partial \theta} - i\frac{\partial u}{\partial \theta}\right) \\ &= \frac{1}{ire^{i\theta}}\left(\frac{\partial u}{\partial \theta} + i\frac{\partial v}{\partial \theta}\right) \\ &= \frac{1}{iz}\frac{\partial f}{\partial \theta} \end{aligned}$$

4장 3절 4번

$$\frac{\partial u}{\partial r} = \frac{1}{r}\frac{\partial v}{\partial \theta}, \quad \frac{\partial v}{\partial r} = -\frac{1}{r}\frac{\partial u}{\partial \theta}$$

이므로

$$\begin{aligned} \frac{\partial^2 u}{\partial r^2} &= -\frac{1}{r^2}\frac{\partial v}{\partial \theta} + \frac{1}{r}\frac{\partial^2 v}{\partial r \partial \theta} \\ &= -\frac{1}{r}\frac{\partial u}{\partial r} - \frac{1}{r^2}\frac{\partial^2 u}{\partial^2 \theta} \end{aligned}$$

5장 1절 3번 (a)

$|z| = 1$이면 $|3 + 5z^2| \geq 5|z|^2 - 3 = 2$이다. 따라서

$$\left|\int_{|z|=1} \frac{dz}{3+5z^2}\right| \leq \int_{|z|=1} \frac{|dz|}{|3+5z^2|} \leq \int_{|z|=1} \frac{1}{2}|dz| = 2\pi \times \frac{1}{2} = \pi$$

5장 1절 5번

$2\pi i$

5장 1절 5번

$\dfrac{4}{3}$

5장 3절 5번

$f(z) \neq 0$이므로 $\dfrac{f'(z)}{f(z)}$는 $\mathcal{D}$에서 해석적이다. 더욱이 $\dfrac{f'(z)}{f(z)}$의 적분은 $\mathcal{D}$에 놓여 있는 경로의 선택에 무관하다. 이때 함수 $g(z)$를

$$g(z) = \int_{z_0}^{z} \frac{f'(\zeta)}{f(\zeta)}\, d\zeta + \mathrm{Log} f(z_0)$$

으로 정의하자. $h(z) := f(z)e^{-g(z)}$로 놓으면 $h'(z) = 0$임을 보일 수 있다. $h(z_0) = 1$이므로 $f(z)e^{-g(z)} \equiv 1$이다.

6장 2절 1번

$h(z) := \dfrac{f(z)}{e^z}$는 유계인 정함수이므로 리우빌 정리에 의해 상수함수이다.

6장 2절 3번

$\lim_{z\to\infty} \dfrac{f(z)}{z} = 0$이므로 충분히 큰 자연수 N에 대하여 $|z| \geq N$이면

$$|f(z)| < \frac{1}{2}|z|$$

이다. 중심이 원점이고 반지름의 길이가 R인 원 $|z| = R$를 택하면 위의 부등식으로부터 원 $|z| = R$에서 $|f(z)| < \frac{R}{2}$이다. 따라서 코시 부등식을 적용하면

$$|f''(z)| \leq \frac{2 \times \frac{1}{2}R}{R^2} \to 0$$

이므로 $f(z)$의 이계도함수는 0이다. 즉, $f(z) = a + bz$이고 가정으로부터 $b = 0$이어야만 한다. 그러므로 $f(z)$는 상수함수이다.

6장 2절 5번

$|z| = R < 1$에 코시 부등식을 적용하면 $|f'(0)| \leq \frac{1}{R}$이다. 따라서 $R \to 1$이면 $|f'(0)| \leq 1$이다.

6장 2절 6번

$\dfrac{1}{f(z)}$에 리우빌 정리를 적용하면 된다.

6장 3절 1번

정의에 의해

$$\log f(z) = \log|f(z)| + i\arg(f(z))$$

또한, 함수 $\log f(z)$에 가우스의 평균값 정리를 적용하면

$$\begin{aligned}\log f(z) &= \frac{1}{2\pi}\int_0^{2\pi} \log f(z_0+re^{i\theta})\,d\theta \\ &= \frac{1}{2\pi}\int_0^{2\pi} \log|f(z_0+re^{i\theta})|\,d\theta + \frac{i}{2\pi}\int_0^{2\pi} \arg f(z_0+re^{i\theta})\,d\theta\end{aligned}$$

따라서

$$\log|f(z)| = \frac{1}{2\pi}\int_0^{2\pi} \log|f(z_0+re^{i\theta})|\,d\theta$$

6장 3절 4번

해석함수는 최댓값을 경계에서 가져야하는데 가정에 의해 영역의 내부에서 가지므로 최대 원리에 의해 주어진 함수는 상수함수이다.

6장 3절 4번

$|z| = \dfrac{1}{3}$에서

$$|z^4-1| \le |z|^4 + \frac{82}{81} < 4|z| = \frac{4}{3}$$

이므로 루셰 정리에 의해 함수 z^4+4z-1과 함수 $4z$는 열린 원판 $|z| < \frac{1}{3}$에서 같은 개수의 0을 갖는다. 따라서 z^4+4z-1은 $|z| < \frac{1}{3}$에서 1개의 0을 갖는다.

한편, $|z| = 2$에서

$$|4z-1| \le 4|z|+1 = 9 < 16 = |z|^4$$

이므로 루셰 정리에 의해 z^4+4z-1과 함수 z^4은 열린 원판 $|z| < 2$에서 같은 개수의 0을 갖는다. 따라서 z^4+4z-1은 $|z| < 2$에서 4개의 0을 갖는다.

결과적으로 다항함수 z^4+4z-1은 원판 $|z| < \frac{1}{3}$에서 하나의 0을 갖고, 나머지 세 개의 0은 고리 $\frac{1}{3} < |z| < 2$에서 가진다.

7장 1절 3번

$\mathrm{Re}\,z = x \ge r+1 > 1$ $(r > 0)$이면

$$|n^z| = |e^{z\log n}| = e^{x\log n} \le n^{r+1}$$

또한 $\displaystyle\sum_{n=1}^{\infty} \frac{(\log n)^k}{n^{r+1}} < \infty$이므로 바이어슈트러스 M-판정법에 의해 주어진 급수는 영역 $\mathrm{Re}\,z = x \ge r+1$에서 균등수렴한다. 따라서 해석적 수렴정리에 의해 급수는 해석적이다.

7장 2절 1번

수열 $\{a_n z_0^n\}$은 유계라고 가정하면 $|z_0| > |z_1| > R$에 대하여

$$|a_n z_1^n| = \left| a_n z_0^2 \left(\frac{z_1}{z_0}\right)^n \right| \le M \left|\frac{z_1}{z_0}\right|^n$$

이므로 급수 $\sum_{n=0}^{\infty} a_n z_1^n$은 수렴한다. $R < |z_1|$이므로 수렴반경이 R이라는 것에 모순이다.

7장 2절 6번 (1)

$|z| = 1$이고 $z \neq 1$이면

$$1 + z + z^2 + \cdots + z^n = \frac{1 - z^{n+1}}{1 - z}$$

이다. 따라서 부분합

$$S_n = \frac{1 + z + z^2 + \cdots + z^n}{n}$$

에 2장 2절 연습문제 4를 적용하면 $n \to \infty$일 때

$$S_n \to \frac{1 - z^{n+1}}{1 - z}$$

이다. 그러므로 급수 $\sum_{n=1}^{\infty} \frac{z^n}{n}$은 수렴한다.

8장 1절 1번

α가 음수이면 함수 $f(z)$는 $z = z_0$에서 해석적이다. 따라서 $f(z)$의 테일러 급수 전개가 가능하고, 가정으로부터 α는 음의 정수이다. 이제 α가 양수라고 하자. 그러면 $\lim_{z \to z_0} f(z) = \infty$이므로 정리 8.1.6으로부터 $z = z_0$는 $f(z)$의 극점이다. 가정에 의해 함수 $g(z) := (z - z_0)^\alpha f(z)$는 $z = z_0$에서 유계이므로 리만 정리에 의해 해석적이다. 따라서 테일러 급수 전개를 하면 α가 양의 정수임을 알 수 있다.

8장 1절 4번

$f(z) = \dfrac{(z-1)}{(z-1)(z-i)^k} e^{\frac{1}{(z+i)}}$

8장 1절 5번

자연수 n에 대하여 z_n이 함수 $f(z)$의 극점이면 $g(z) = \dfrac{1}{f(z)}$는 각 점 z_n에서 해석적인 함수로 확장가능하다. 특히 $\lim_{z \to z_0} f(z) = \infty$이므로 $\lim_{z \to z_n} g(z) = 0$이다. 만

일 $z=z_0$이 $f(z)$의 극점이면 $\lim_{z\to z_0} g(z)=0$이므로 항등정리(정리 7.2.14)에 의해 $f(z)\equiv\infty$이므로 모순이다. 그러므로 z_0는 $f(z)$의 극점이 아니다.

8장 2절 4번

$z=1$과 $z=2$는 함수 $f(z)$의 단극(simple pole)이다. 따라서

$$\begin{aligned} f(z) &= \frac{1}{(z-1)(z-2)} = -\frac{1}{(z-1)[1-(z-1)]} \\ &= -\sum_{n=-1}^{\infty}(z-1)^n \quad (0<|z-1|<1) \end{aligned}$$

또한,

$$\begin{aligned} f(z) &= \frac{1}{(z-2)(z-1)} = \frac{1}{(z-2)[1+(z-2)]} \\ &= \sum_{n=-1}^{\infty}(-1)^{n+1}(z-2)^n \quad (0<|z-2|<1) \end{aligned}$$

8장 3절 2번

3장 연습문제에 의해 $|\sin z|\ge|\sinh y|$이므로

$$\begin{aligned} \int_{|z|=R}\left|\frac{\sin z}{z}\right||dz| &\ge \int_{|z|=R}\frac{|\sinh y|}{R}|dz| \\ &\ge \int_{\frac{R}{2}\le y\le R}\frac{|\sinh y|}{R}|dz| \\ &\ge \int_{\frac{R}{2}\le y\le R}\frac{e^{\frac{R}{2}}-e^{-\frac{R}{2}}}{R}|dz| \\ &\ge \frac{\pi}{3}\left(e^{\frac{R}{2}}-e^{-\frac{R}{2}}\right)\to\infty \end{aligned}$$

8장 3절 3번

(1) 닫힌 원판 $|z|\le\frac{1}{2}$에서

$$1+z+z^2+\cdots+z^{2012}=\frac{1-z^{2013}}{1-z}$$

는 해석함수이므로 피적분함수

$$\frac{\sin z}{1+z+z^2+\cdots+z^{2012}}$$

는 $|z| \leq \frac{1}{2}$에서 해석적이다. 따라서

$$\int_{|z|=\frac{1}{2}} \left(\frac{\sin z}{1+z+z^2+\cdots+z^{2012}} \right) dz = 0$$

(2) 닫힌 원판 $|z| \leq \frac{1}{2}$에서

$$\tan \pi z = 0 \quad \Leftrightarrow \quad z = 0, 1, 2$$

이고 이는 모두 $\cot \pi z$의 단극이다. 각 극점에서 유수를 구하면 각각

$$1,\ e,\ e^4$$

이므로 유수정리에 의해

$$\int_{|z|=\frac{5}{2}} e^{z^2} \pi \cot \pi z \, dz = 2\pi i(1+e+e^2)$$

참고문헌

[1] L. Ahlfors. *Complex Analysis.* McGraw-Hill, New York.

[2] T. Apostol. *Mathematical Analysis.* Addison-Wesley.

[3] R. V. Churchill J. W. Brown and R. F. Verhey. *Complex Variables and Applications.* McGraw-Hill, New York, 3rd edition, 1974.

[4] J. E. Marsden. *Basic Complex Analysis.* Freeman and Company, San Francisco.

[5] Z. Nehari. *Introduction to Complex Analysis.* Allyn and Bacon, Boston, Noted by E. Rodlitz and R. Pollack.

[6] R. A. Silverman. *Complex Analysis.* Englewood Cliffs, N. J.; Princeton Hall, Inc., 1974.

찾아보기

n-th Roots, 21
n-제곱근, 21

Abel-Weierstrass lemma, 172
accumulation point, 30
analytic, 88
argument principle, 151

Bolzano-Weierstrass theorem, 43
bounded, 33
branch, 71

Casorati-Weierstrass theorem, 190
Cauchy's criterion, 162
Cauchy-Goursat's theorem, 128
Cauchy-Riemann equations, 84
closed curve, 109
closed set, 28
closure, 30
compact, 46
complex exponential, 62
conformal, 211
connected set, 31
contour, 110
converge, 37
converges absolutely, 158
countable, 46

deleted neighborhood, 29
differentiable, 81
disconnected set, 31
diverge, 157
domain, 33

entire function, 88
essential singularity, 190

Green's theorem, 117

harmonic conjugate, 96
harmonic function, 96
Heine-Borel theorem, 48
holomorphic, 88

infimum, 39
initial point, 108
interior point, 25
isolated singularity, 186

Laplace's equation, 96
Laurent series, 193
limit point, 30
line integral, 117
linear fractional transformation, 213
Liouville's theorem, 139

Maclaurin series, 180
Morera's theorem, 136
multiply connected, 116

open cover, 46
open set, 25
order, 149

piecewise continuous, 110
positive orientation, 116
power series, 171
preimage, 52
principal branch, 99

radius of convergence, 173
region, 33
removable singularity, 188
reparametrization, 112
residue, 202
residue theorem, 202
reverse curve, 111
Riemann mapping theorem, 212
Rouché's theorem, 153

sequence, 37
series, 157
simple, 109
simple closed curve, 109
simple pole, 149
simply connected, 116
singularity, 185
smooth curve, 109
subsequence, 38
supremum, 39

Taylor series, 180
terminal point, 108

uniformly continuous, 56

variance, 151

가산집합, 46
가우스의 평균값 정리, 144
경로, 110
구역, 33
근방, 25
근판정법, 158, 174
급수, 157
급수판정법, 159

내점, 25

다중연결 영역, 116
단가함수, 52
단순연결 영역, 116
단조감소, 40
단조수열, 40
단조증가, 40
닫힌 집합, 28
대수학의 기본 정리, 140
등각사상, 211

라플라스 방정식, 96
로그함수, 71
리만 사상 정리, 212
리만 정리, 186
리우빌, 139

모레라 정리, 136
미분가능하다, 81
미분계수, 81

바이어슈트러스 M-판정법, 164
발산, 157
변동, 151
복소 로그함수, 71
복소 지수함수, 62
복소수열, 37
복소함수, 52

볼차노-바이어슈트러스, 43
부분수열, 38
분지, 71
비교판정법, 159
비연결집합, 31
비율판정법, 159

상한, 39
수렴, 37
수열, 37
쌍곡 사인함수, 70
쌍곡 코사인함수, 70

아벨-바이어슈트러스, 172
양의 방향, 116
역방향 곡선, 111
연결집합, 31
열린 덮개, 46
열린 사상 정리, 154
열린 집합, 25
영역, 33
옹골집합, 46
유계, 33
일반항, 37

절대수렴, 158
정의역, 52
정함수, 88
조화함수, 96
주분지, 99
중심제거 근방, 29
집적점, 30

최대 원리, 144
최소 원리, 145
치역, 52

카소라티-바이어슈트러스, 190
켤레조화함수, 96
코시 부등식, 139
코시 적분 공식 I, 132
코시 적분 공식 II, 133

테일러 전개, 89
테일러 정리, 178

편각 원리, 151
폐포, 30

하한, 39
해석적, 88
해석함수, 88

김 정 진

· 1979년 서울대학교 이학사
· 1981년 서울대학교 이학석사
· 1992년 미국 오하이오 주립대학교 이학박사
· 1995년~현) 명지대학교 수학과 교수

윤 갑 진

· 1987년 서울대학교 이학사
· 1989년 서울대학교 이학석사
· 1995년 미국 뉴욕주립대학교 이학박사
· 1996년~현) 명지대학교 수학과 교수

복소해석학

2013년 3월 2일 초판 발행
2022년 11월 25일 초판 2쇄 발행

저 자 / 김정진 · 윤갑진
발행자 / 오판근
발행처 / 교우사

주 소 / 서울 동대문구 제기2동 148-19 교우빌딩 2층
전 화 / 925-2861~2, 편집부 / 925-2825
팩 스 / 925-2860
E-mail / kyowoo@kyowoo.co.kr
http://www.kyowoo.co.kr

등록 / 1994. 3. 24 제6-0256호

ISBN 978-89-8172-946-2 (93410)

값 20,000원